森林公园理论与实践系列

国家林业局森林公园管理办公室　｜编著
中南林业科技大学旅游学院

国家公园
体制比较研究

U0199200

中国林业出版社

图书在版编目（CIP）数据

国家公园体制比较研究 / 国家林业局森林公园管理办公室，
中南林业科技大学旅游学院编著 . —— 北京：中国林业出版
社，2015.10（2018.10 重印）
ISBN 978–7–5038–8168–8

Ⅰ.①国… Ⅱ.①国… ②中… Ⅲ.①国家公园 – 管
理体制 – 对比研究 – 世界 Ⅳ.① S759.991

中国版本图书馆 CIP 数据核字（2015）第 233301 号

中国林业出版社·生态保护出版中心
责任编辑：刘家玲

出版	中国林业出版社（100009　北京西城区德内大街刘海胡同 7 号）
	http://lycb.forestry.gov.cn　电话：（010）8314 3519
发行	中国林业出版社
印刷	北京中科印刷有限公司
版次	2015 年 9 月第 1 版
印次	2018 年 10 月第 2 次
开本	700mm×1000mm　1/16
印张	15
字数	230 千字
印数	3001~5000 册
定价	60.00 元

《国家公园体制比较研究》
编 写 组

主　编：钟永德　俞　晖

副主编：徐　美　吴江洲　许　晶

成　员：刘　艳　文　岚　王曼娜　邓　楠　彭　闯

　　　　向思璇　苏　瑞　仇维佳　杜科蓓　蔡　娟

　　　　周　琴　方　妮　邓　洁　李卓群　刘　冲

　　　　徐静雯　周　雯　刘　红　罗　厅　覃　晓

　　　　熊　硕　杨泽夷　张　凤　钟彦清　欧阳诚

　　　　胡晶曦　郭　翔

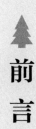

前言

当前，气候变化、生物多样性丧失、自然资源日趋枯竭等是人类社会共同面临的问题。历史的实践证明，通过建立国家公园等各种类型的自然保护地，对保护自然、减缓气候变化、提高资源质量及其生物多样性丰富度，实现人与自然和谐共存，具有重要意义。

1872年3月1日，世界上第一个国家公园——美国黄石国家公园正式建立。140多年来，国家公园由于较好地处理了自然生态保护与资源合理利用之间的关系，被看作是现代文明的产物，也是国家进步的象征。目前，已有200多个国家和地区建立了近万个国家公园，在保护自然生态系统和自然资源方面发挥着重要作用，促进了人类对大自然的认识和保护，推动了世界自然保护事业的兴起与发展。

党中央、国务院高度重视自然保护工作，截至目前，我国已建立了2697处自然保护区、2855处森林公园、707处湿地公园、962处风景名胜区、240处国家地质公园，还建有水利风景区、海洋保护区、植物园等其他类型保护地，自然保护地面积占国土面积超过17%，为世界自然保护事业做出了积极贡献。

2013年11月15日，《中共中央关于全面深化改革若干重大问题的决定》提出"坚定不移实施主体功能区制度，建立国土空间开发保护制度，严格按照主体功能区定位推动发展，建立国家公园体制。"然而，现阶段我国虽然建立了类型众多的自然保护地，但国家公园体制建设仍处于探索阶段，虽已有部分部门和地区开展了试点和探索，但整体上，无论是云南省国家公园建设的试点还是黑龙江省汤旺河国家公园的试点，都以沿袭现有的自然生态空间管理机制为主，在自然保护、公园建设、自然教育、规范和管理上与先进国家的国家公园体制相比，仍存在很大的差距，对于"什么是国家公园？怎么建设与发展国家公园？如何建立适合我国国情的国家公园体制？"等等问题，我们尚不十分清晰，迫切需要明确。

"他山之石，可以攻玉"，世界主要国家和地区的国家公园体制代表了不同社会制度、不同发展阶段下的国家公园管理思路、框架和模式，深入研究这些国家公园管理体制，对我们开阔视野、拓宽思路、启发思维都具有重要促进作用，对我们国家公园体制的建立具有较强的参考价值。为此，国家林业局森林公园管理办公室（森林公园保护与发展中心）与中南林业科技大学旅游学院的科研团队进行合作，对世界主要国家和地区中有代表性的国家公园管理体制进行了详细概括、分析、总结和比较研究，形成了《国家公园体制比较研究》的成果，供大家参考、借鉴。

《国家公园体制比较研究》编写组

2015年1月

目 录

前 言

第一章　美国国家公园体制 / 1

一、美国国家公园的发展历程与现状 / 2

　　1. 美国国家公园的发展历程 / 2

　　2. 美国国家公园的发展现状 / 4

二、美国国家公园的概念和选定标准 / 10

　　1. 美国国家公园的概念 / 10

　　2. 美国国家公园的选定标准 / 12

三、美国国家公园的法律体系 / 13

　　1. 美国国家公园的法律体系介绍 / 13

　　2. 美国国家公园核心法规辑要 / 16

四、美国国家公园的管理模式 / 23

　　1. 管理机制 / 23

　　2. 资金机制 / 27

　　3. 经营机制 / 28

第二章　加拿大国家公园体制 / 33

一、加拿大国家公园的发展历程与现状 / 34

　　1. 加拿大国家公园的发展历程 / 34

　　2. 加拿大国家公园的发展现状 / 35

二、加拿大国家公园的概念和选定标准 / 39

　　1. 加拿大国家公园的概念 / 39

2. 加拿大国家公园的选定标准 / 40

三、加拿大国家公园的法律体系 / 42

1. 加拿大国家公园的法律体系介绍 / 42

2. 加拿大国家公园核心法规辑要 / 43

四、加拿大国家公园的管理模式 / 51

1. 管理机制 / 51

2. 资金机制 / 55

3. 经营机制 / 56

第三章　德国国家公园体制 / 59

一、德国国家公园的发展历程与现状 / 60

1. 德国国家公园的发展历程 / 60

2. 德国国家公园的发展现状 / 60

二、德国国家公园的概念和选定标准 / 62

1. 德国国家公园的概念 / 62

2. 德国国家公园的选定标准 / 63

三、德国国家公园的法律体系 / 63

1. 德国国家公园的法律体系介绍 / 63

2. 德国国家公园核心法规辑要 / 64

四、德国国家公园的管理模式 / 70

1. 管理机制 / 70

2. 资金机制 / 72

3. 经营机制 / 73

第四章　英国国家公园体制 / 75

一、英国国家公园的发展历程与现状 / 76

1. 英国国家公园的发展历程 / 76

2. 英国国家公园的发展现状 / 79

二、英国国家公园的概念和选定标准 / 81

1. 英国国家公园的概念 / 81

2. 英国国家公园的选定标准 / 81

三、英国国家公园的法律体系 / 82

1. 英国国家公园的法律体系介绍 / 82

2. 英国国家公园核心法规辑要 / 83

四、英国国家公园的管理模式 / 87

1. 管理机制 / 87

2. 资金机制 / 91

3. 经营机制 / 93

第五章　瑞典国家公园体制 / 97

一、瑞典国家公园的发展历程与现状 / 98

1. 瑞典国家公园的发展历程 / 98

2. 瑞典国家公园的发展现状 / 99

二、瑞典国家公园的概念和选定标准 / 102

1. 瑞典国家公园的概念 / 102

2. 瑞典国家公园的选定标准 / 103

三、瑞典国家公园的法律体系 / 103

1. 瑞典国家公园的法律体系介绍 / 103

2. 瑞典国家公园核心法规辑要 / 104

四、瑞典国家公园的管理模式 / 106

1. 管理机制 / 106

2. 资金机制 / 107

3. 经营机制 / 107

第六章　澳大利亚国家公园体制 / 111

一、澳大利亚国家公园的发展历程与现状 / 112

1. 澳大利亚国家公园的发展历程 / 112

2. 澳大利亚国家公园的发展现状 / 117

二、澳大利亚国家公园的概念和选定标准 / 117

1. 澳大利亚国家公园的概念 / 117

2. 澳大利亚国家公园的选定标准 / 118

三、澳大利亚国家公园的法律体系 / 118

1. 澳大利亚国家公园法律体系介绍 / 118

2. 澳大利亚国家公园核心法规辑要 / 119

四、澳大利亚国家公园的管理模式 / 120

1. 管理机制 / 120

2. 资金机制 / 123

3. 经营机制 / 124

第七章　新西兰国家公园体制 / 127

一、新西兰国家公园的发展历程与现状 / 128

1. 新西兰国家公园的发展历程 / 128

2. 新西兰国家公园的发展现状 / 132

二、新西兰国家公园的概念和选定标准 / 133

1. 新西兰国家公园的概念 / 133

2. 新西兰国家公园的选定标准 / 134

三、新西兰国家公园的法律体系 / 135

1. 新西兰国家公园的法律体系介绍 / 135

2. 新西兰国家公园核心法规辑要 / 135

四、新西兰国家公园的管理模式 / 137

1. 管理机制 / 137

2. 资金机制 / 140

3. 经营机制 / 140

第八章 **南非国立公园体制 / 145**

一、南非国立公园的发展历程与现状 / 146

1. 南非国立公园的发展历程 / 146

2. 南非国立公园的发展现状 / 146

二、南非国立公园的法律体系 / 148

1. 南非国立公园的概念 / 148

2. 南非国立公园的选定标准 / 148

三、南非国立公园的法律体系 / 148

1. 南非国立公园的法律体系介绍 / 148

2. 南非国立公园核心法规辑要 / 149

四、南非国立公园的管理模式 / 150

1. 管理机制 / 150

2. 资金机制 / 152

3. 经营机制 / 153

第九章 **韩国国立公园体制 / 155**

一、韩国国立公园的发展历程与现状 / 156

1. 韩国国立公园的发展历程 / 156

2. 韩国国立公园的发展现状 / 159

二、韩国国立公园的概念和选定标准 / 162

1. 韩国国立公园的概念 / 162

2. 韩国国立公园的选定标准 / 162

三、韩国国立公园的法律体系 / 163

1. 韩国国立公园的法律体系介绍 / 163

2. 韩国国立公园核心法规辑要 / 163

四、韩国国立公园的管理模式 / 165

1. 管理机制 / 165

2. 资金机制 / 169

3. 经营机制 / 170

第十章　日本国家公园体制 / 173

一、日本国家公园的发展历程与现状 / 174

1. 日本国家公园的发展历程 / 174

2. 日本国家公园的发展现状 / 176

二、日本国家公园的概念和选定标准 / 178

1. 日本国家公园的概念 / 178

2. 日本国家公园的选定标准 / 179

三、日本国家公园的相关法律体系 / 179

1. 日本国家公园的法律体系介绍 / 179

2. 日本国家公园核心法规辑要 / 180

四、日本国家公园的管理模式 / 185

1. 管理机制 / 185

2. 资金机制 / 186

3. 经营机制 / 187

第十一章　台湾地区国家公园体制 / 189

一、台湾地区国家公园的发展历程与现状 / 190

1. 台湾地区国家公园的发展历程 / 190

2. 台湾地区国家公园的发展现状 / 191

二、台湾地区国家公园的概念和选定标准 / 192

1. 台湾地区国家公园的概念 / 192

2. 台湾地区国家公园的选定标准 / 193

三、台湾地区国家公园的相关法规辑要 / 193

1. 台湾地区国家公园的法律体系介绍 / 193

2. 台湾地区国家公园核心法规辑要 / 195

四、台湾地区国家公园的管理模式 / 203

1. 管理机制 / 203

2. 资金机制 / 204

3. 经营机制 / 204

第十二章 国家公园体制比较 / 207

一、国家公园的概念和选定标准比较 / 208

1. 概念比较 / 208

2. 选定标准比较 / 209

二、国家公园的法律体系比较 / 210

三、国家公园管理机制比较 / 212

四、国家公园资金机制比较 / 215

五、国家公园经营机制比较 / 216

六、对我国国家公园体制建立的启示 / 217

1. 明确国家公园选定标准，规范国家公园建立工作 / 218

2. 理顺国家公园管理体系，破解多头管理、重复管理的难题 / 218

3. 适时出台专项法规，完善国家公园管理法律法规体系 / 218

4. 加大政府投入，建立国家公园建设资金增长机制 / 218

5. 规范国家公园的经营，实行管理权与经营权相分离的经营机制 / 219

6. 强化生态建设与环境保护，走可持续发展之路 / 219

附表：主要国家和地区国家公园体制一览表 / 220

后 记

第一章

美国国家
公园体制

一 美国国家公园的发展历程与现状

1. 美国国家公园的发展历程

美国国家公园的建设最初源于19世纪30年代著名风情画家乔治·卡特林的构想。他在采风途中，亲眼目睹了美国西部大开发对当地生态环境和印第安文明所带来的毁灭性影响，就提出一个设想——政府通过保护政策，设立一个大公园……一个国家公园，其中有人也有野兽，所有一切都处于原生状态，体现着自然之美。这是人类历史上第一个关于国家公园的构想。然而，这种构想并不为当时的美国社会所认同。在此后的半个世纪里，人们逐渐认识到了保护原生态自然与人文资源的重要性。1870年，一位名叫康尼勒斯·赫奇士的律师参加了一支19人的探险队，为了寻找温水喷泉，他们来到黄石，经过一个多月的勘察，发现这里拥有重重山峦、密密石林、奇特冲蚀熔岩以及间歇喷泉等众多的自然奇观。当时美国的《宅地法》对新发现的无主土地有一条规定："谁发现谁拥有"，即谁都有权利把自己发现的土地及土地上的资源据为己有。探险队在返回前最后一个夜晚举办的野营会上，对如何瓜分这片土地进行了讨论，这时，赫奇士出人意料地提出了一个建议：将这片土地完整地交给政府，为全体人民和后代子孙永久享用而保护起来，他的建议得到了大家赞赏。1872年，美国国会就通过了《设立黄石国家公园法案》，规定此片土地为国有，划为公众公园，修建成"供人民游乐之用和为大众造福"的保护地。时任美国总统格兰特于同年签署了建立黄石国家公园的法令，宣告世界上第一个国家公园的出现。

继黄石公园之后，美国的国家公园很快发展起来。概括美国国家公园的发展历程，受战争、经济危机、政府换届、科技进步等诸多因素的影响，其发展大致经历了萌芽、体系成型、停滞、再发展、生态保护与教育并重五个阶段。

（1）萌芽阶段（1832-1916年）

19世纪初，以艺术家、探险家和文学家为代表的美国东部知识分子开始认识到西部大开发对西部原始自然环境造成的威胁，铁路公司也发现了西部景观作为旅游资源的潜在价值，于是保护自然的理想主义者和强调旅游开发的实用主义者联手敦促国会保护西部的奇特景观，并成功促使国会通过立法建立了第一座国家公园——黄石国家公园。19世纪末，随着美国西部原野的逐渐消失，人们保护原野的呼声高涨，在自然保护主义者和资源保护主义者的共同努力下，一大批国家公园建立起来。1906年，国会通过了《古迹法》，联邦政府开始大量而有效地保护史前和历史遗迹。

（2）体系成型阶段（1916-1933年）

该阶段的标志性事件是1916年国家公园管理局的成立。管理局成立以后，管理者们致力于国家公园体系的扩张，保护地类型不断增多。到1933年，西奥多·罗斯福总统将大部分的保护地都交由国家公园管理局管辖，包括原由陆军部和农业部管理的军事公园和国家森林保护地，国家公园体系从西部扩展到东部，国家公园体系正式形成。

（3）停滞时期（1933-1956年）

该阶段由于经济危机和第二次世界大战（简称二战）的影响，国家公园体系承担了解决就业和为战争提供资源的双重任务。罗斯福新政期间，资源保护队成立，管理者缩减工作人员和经费，但同时公园管理局也雇佣了成千上万的年轻人在国家公园体系内工作，建设了很多公共工程，这些项目对国家公园体系产生了深远影响。

（4）再发展阶段（1956-1966年）

二战后，为了应对因旅游业的繁荣、游客大量增加对国家公园体系内公共设施造成的压力，国家公园管理局启动了"66计划"，该计划从1956年起，用10年时间，花费10亿美元用以彻底改善国家公园体系内的基础设施和服务条件。"66计划"对国家公园体系的影响是两面性的：它在满足了游客需求的同时也被批评过度开发破坏了生态。同时，1964年国会通过了《原野法》，对原野进行界定并实行严格保护。

（5）生态保护与教育并重阶段（1966年至今）

随着20世纪60年代生态学的兴起，国家公园体系的保护观有了根本性的转变，由原来注重保护风景景观的完整性转向保护体系内特别是国家公园内的生态完整性。同时在为公众提供服务方面，国家公园对教育设施进行更新，强化了体系的教育功能，使国家公园体系成为进行科学、历史、环境和爱国主义教育的重要场所。

2. 美国国家公园的发展现状

经过100多年的发展，目前，美国共拥有59座国家公园（其中14个被列入世界遗产），分布于美国的27个州（包括美属萨摩亚和美属维尔京群岛），其中加利福尼亚州有9个国家公园，居各州之冠；阿拉斯加州以8个居次；犹他州和科罗拉多州紧随其后，分别为5个和4个。所有国家公园保护面积总计约为23万km²，平均为3620km²，占美国国土总面积的2.5%，其中最大的弗兰格尔-圣伊莱亚斯国家公园，面积达5.33万km²；最小的为温泉国家公园，面积约为24km²（表1-1）。在游客数量上，游客最多的国家公园为大雾山国家公园，2011年游客数超过900万人次；大峡谷次之，超过400万人次；其后是约塞米蒂国家公园和黄石国家公园，分别有近400万人次（表1-2）。

同时，截至2007年，美国共有575处公园或地段被纳入美国国家公园系统，覆盖了美国49个州、哥伦比亚特区以及其他美属领地，其中西部的加利福尼亚州和亚利桑那州，东部的哥伦比亚特区、弗吉尼亚州、纽约州、宾夕法尼亚州和马里兰州公园数量较多（表1-3）。

纵观美国国家公园体系的发展，具有如下三大特点：一是增长迅速。截至2008年，美国国家公园体系的陆地面积达到33.99万km²，水域面积达到1.8万km²，累计接待游客117亿人次，发展迅速。二是东、西部差异明显。受资源禀赋、产业结构、精神价值和历史价值等因素的影响，美国西部以大型自然遗产资源为主，而东部地区则以小面积的文化历史遗产资源为主，有学者将其总结为是"西大东小"。三是政府高度关注。鉴于国家公园有利于激发国民的原野追求和对国家历史的浪漫回忆，国家公园这一保护地始终得到美国联邦政府的高度关注，辅之以稳定增长的财政支持和强大的法律法规保障体系，这从2009年奥巴马总统在《经济刺激计划》中推出10亿美元的国家公园项目和签署《综合公共用地管理法案》等行为可见一斑。

表1-1　美国国家公园基本情况一览表

公园名称（中文名）	公园名称（英文名）	成立时间	面积（km²）	所属地区
阿卡迪亚国家公园	Acadia National Park	1919年	191.8	缅因州
美属萨摩亚国家公园	American Samoa National Park	1988年	36.4	美属萨摩亚
拱门国家公园	Arches National Park	1971年	309.7	犹他州
恶地国家公园	Badlands National Park	1978年	982.4	南达科他州
大弯曲国家公园	Big Bend National Park	1944年	3242.2	得克萨斯州
比斯坎国家公园	Biscayne National Park	1980年	699.8	佛罗里达州
甘尼逊黑峡谷国家公园	Black Canyon of the Gunnison National Park	1999年	133.3	科罗拉多州
布莱斯峡谷国家公园	Bryce Canyon National Park	1928年	145.0	犹他州
峡谷地国家公园	Canyon Lands National Park	1964年	1366.2	犹他州
圆顶礁国家公园	Capitol Reef National Park	1971年	979.0	犹他州
卡尔斯贝洞窟国家公园	Carlsbad Caverns National Park	1930年	189.3	新墨西哥州
海峡群岛国家公园	Channel Islands National Park	1980年	1009.9	加利福尼亚州

（续）

公园名称（中文名）	公园名称（英文名）	成立时间	面积（km²）	所属地区
康加里国家公园	Congaree National Park	2003年	107.4	南卡罗来纳州
火山口湖国家公园	Crater Lake National Park	1902年	741.5	俄勒冈州
库雅荷加谷国家公园	Cuyahoga Valley National Park	2000年	133.0	俄亥俄州
死亡谷国家公园	Death Valley National Park	1994年	13647.6	加利福尼亚州、内华达州
迪纳利国家公园	Denali National Park	1917年	19185.8	阿拉斯加州
海龟国家公园	Dry Tortugas National Park	1996年	261.8	佛罗里达州
大沼泽地国家公园	Everglades National Park	1934年	5670	佛罗里达州
北极之门国家公园	Ates of the Arctic National Park	1980年	30448.1	阿拉斯加州
冰川国家公园	Lacier National Park	1910年	4101.8	蒙大拿州
冰川湾国家公园	Glacier Bay National Park	1980年	13050.5	阿拉斯加州
大峡谷国家公园	Grand Canyon National Park	1919年	4926.7	亚利桑那州
大提顿国家公园	Grand Teton National Park	1929年	126	怀俄明州
大盆地国家公园	Great Basin National Park	1986年	312.4	内华达州
大沙丘国家公园	Great Sand Dunes National Park	2000年	340	科罗拉多州
大雾山国家公园	Great Smoky Mountains National Park	1934年	2100	田纳西洲与北卡罗来纳州交界处
瓜达卢佩山国家公园	Guadalupe Mountains National Park	1972年	349	得克萨斯州

（续）

公园名称（中文名）	公园名称（英文名）	成立时间	面积（km²）	所属地区
哈来亚咔拉国家公园	Haleakala National Park	1961年	118	夏威夷州
夏威夷火山国家公园	Hawaii Volcanoes National Park	1961年	1348	夏威夷州
温泉国家公园	Hot Springs National Park	1921年	24	路易斯安那州
罗亚尔岛国家公园	Isle Royale National Park	1940年	2314	密歇根州
约束亚树国家公园	Joshua Tree National Park	1994年	3196.1	加利福尼亚州
卡特迈国家公园	Katmai National Park	1980年	19122	阿拉斯加州
奇奈峡湾国家公园	Kenai Fjords National Park	1980年	2460	阿拉斯加州
科伯克谷国家公园	Kobuk Valley National Park	1980年	6757.49	阿拉斯加州
克拉克湖国家公园	Lake Clark National Park	1980年	16369.5	阿拉斯加州
拉森火山国家公园	Lassen Volcanic National Park	1916年	429	加利福尼亚州
猛犸洞国家公园	Mammoth Cave National Park	1941年	207.83	肯塔基州
台地国家公园	Mesa Verde National Park	1906年	210.74	科罗拉多州
雷尼尔山国家公园	Mount Rainier National Park	1899年	980	华盛顿州
北瀑布国家公园	North Cascades National Park	1919年	2768	华盛顿州
奥林匹克国家公园	Olympic National Park	1938年	3626	华盛顿州
化石林国家公园	Petrified Forest National Park	1962年	381	亚利桑那州

（续）

公园名称（中文名）	公园名称（英文名）	成立时间	面积（km²）	所属地区
红杉树国家公园	Redwood National Park	1980年	429.3	加利福尼亚州
落基山国家公园	Soquoia Mountain National Park	1915年	1076	科罗拉多州
萨格鲁国家公园	Saguaro National Park	1994年	369.89	亚利桑那州
红杉树国家公园	Sequoia National Park	1980年	429.3	加利福尼亚州
国王峡谷国家公园	Kings Canyon National Park	1940年	1869.25	加利福尼亚州
山那都国家公园	Shenandoah National Park	1935年	793	维吉尼亚州
罗斯福国家公园	Theodore Roosevelt National Park	1978年	285	北达科他州
维尔京岛国家公园	Virgin Islands National Park	1956年	36	美属维尔京群岛
探险家国家公园	Voyageurs National Park	1975年	883.02	明尼苏达州
风洞国家公园	Wind Cave National Park	1903年	114.53	南达科他州
弗兰格尔-圣伊莱亚斯国家公园	Wrangell-St. Elias National Park	1980年	53321	阿拉斯加州
黄石国家公园	Yellowstone National Park	1872年	8983	怀俄明州、蒙大拿州和爱达荷州的交界处
约塞米蒂国家公园	Yosemite National Park	1890年	3080.74	加利福尼亚州
锡安国家公园	Zion National Park	1919年	593.3	犹他州
红木林国家公园	Redwoods National Park	1968年	455	加利福尼亚州

表1-2　2011年美国接待游客数居前10位的国家公园

排名	国家公园	接待游客数（人）
1	大雾山国家公园	9008830
2	大峡谷国家公园	4298178
3	约塞米蒂国家公园	3951393
4	黄石国家公园	3394326
5	落基山国家公园	3176941
6	奥林匹克国家公园	2966502
7	锡安国家公园	2825505
8	大提顿国家公园	2587437
9	阿卡迪亚国家公园	2374645
10	库雅荷加谷国家公园	2161185

表1-3　美国国家公园体系的州际分布情况（截至2007年）

西部地区		东部地区			
州（简称）	公园数量（处）	州（简称）	公园数量（处）	州（简称）	公园数量（处）
加利福尼业（CA）	31	哥伦比亚特区（DC）	35	夏威夷（HI）	8
亚利桑那（AZ）	25	维吉尼亚（VA）	30	阿肯色（AR）	7
犹他（UT）	17	纽约（NY）	3	密西西比（MS）	7
新墨西哥（NM）	16	宾夕法尼亚（PA）	28	密歇根（MI）	6
科罗拉多（CO）	16	马里兰（MD）	23	路易斯安那（LA）	6
得克萨斯（TX）	15	阿拉斯加（AK）	19	肯塔基（KY）	5
华盛顿（WA）	13	马萨诸塞（MA）	19	明尼苏达（MN）	5
怀俄明（WY）	11	佐治亚（GA）	13	艾奥瓦（IA）	4
堪萨斯（KS）	10	田纳西（TN）	12	伊利诺伊（IL）	4

（续）

西部地区		东部地区			
爱达荷（ID）	9	北卡罗来纳（NC）	12	缅因（ME）	4
内布拉斯加（NE）	9	密苏里（MO）	12	罗德岛（RI）	3
俄勒冈（OR）	9	佛罗里达（FL）	11	威斯康星（WI）	3
蒙大纳（MT）	8	新泽西（NJ）	11	印第安纳（IN）	3
南达科他（SD）	7	俄亥俄（OH）	10	康涅狄格（CT）	3
俄克拉何马（OK）	6	南卡罗来纳（SC）	9	新汉普郡（NH）	2
内华达（NV）	6	亚拉巴马（AL）	8	佛蒙特（VI）	2
北达科他（ND）	5	西弗吉尼亚（WV）	8	德拉华（DE）	0

二　美国国家公园的概念和选定标准

1. 美国国家公园的概念

"国家公园"（National Park）这一概念最早是由美国艺术家乔治·卡特林提出的。1832年，他在旅行的路上对由于美国西部大开发而给印第安文明、野生动植物和原野带来的影响深感忧虑，提出"它们可以被保护起来，只要政府通过一些保护政策设立一个大公园……一个国家公园，其中有人也有野兽，所有的一切都处于原生状态，体现着自然之美"。他认为国家公园是一种保留区，通常是为政府所拥有，目的是保护某地不受人类发展和污染的损害，但他并没有对这个概念给出一个规范的定义以及严格的界定，只是把国家公园当做一种和私人园林相对的、用来保护公共土地上的风景和资源的公共公园这种理想形式提出来而已。

此后，随着美国国家公园的发展，美国国家公园的概念也发生了很大变化，概括而言，美国国家公园包含狭义和广义两重概念。狭义的国家公园是指拥有着丰富自然资源的、具有国家级保护价值的面积较大且成片的自然区域。广义的国家公园即"国家公园体系"（National Park System），是"不管现在亦或未来，由内务部部长通过国家公园管理局管理的，以建设公园、文物古迹、历史地、观光大道、游憩区为目的的所有陆地和水域"，包括国家公园、纪念地、历史地段、风景路、休闲地等，涵盖20个分类（表1-4）。在这个体系中国家公园处于核心，保护措施最为严格，其他单位则根据级别的不同而制定不同的保护措施。

表1-4　美国国家公园体系分类

编号	分类名称（中文）	分类名称（英文）
1	国际历史地	International Historic Site
2	国家战场	National Battlefields
3	国家战场公园	National Battlefield Parks
4	国家战争纪念地	National Battlefield Site
5	国家历史地	National Historic Sites
6	国家历史公园	National Historical Parks
7	国家湖滨	National Lakeshores
8	国家纪念碑	National Memorials
9	国家军事公园	National Military Parks
10	国家纪念地	National Monuments
11	国家公园	National Parks
12	国家景观大道	Pational Parkways
13	国家保护区	National Preserve
14	国家休闲地	National Recreation Areas
15	国家保留地	National Reserve
16	国家河流	National Rivers
17	国家风景路	National Scenic Trails
18	国家海滨	National Seashores
19	国家野生与风景河流	National Wild And Scenic Rivers
20	其他公园地	Parks（Other）

2. 美国国家公园的选定标准

美国国家公园体系是一个成长中的体系，其基本准入标准包括4项：国家重要性、适宜性、可行性和美国国家公园管理局（National Park Service，NPS）的不可替代性。

（1）国家重要性

一个候选地必须满足下面4个标准才能被视为具有国家级重大意义和价值：其一，是一个特定类型资源的典型代表；其二，对于阐明或解说美国国家遗产的自然或文化主题具有独一无二的价值；其三，能为公众娱乐或景观研究提供最优的场所和机会；其四，保留了一个资源的高度整合性，包括真实性、精确性和完整的内在相关性。

（2）适宜性

一个候选地是否适合进入美国国家公园体系要从两个方面考察它的适宜性：该候选地必须要能代表一种自然或文化主题或类型，并且这些在公园体系中还没有得到充分吸收和表现；或者由其他机构管理，致使该地区并不能得到该有的保护和价值体现。认定的结果是在将逐个候选地与公园体系中其他公园相互比较的基础上做出的，对比的方面包括特征、品质、资源的整合性和为公众提供休闲的潜力等方面的异同点。

（3）可行性

一个候选地要具备进入国家公园体系的可行性，必须具备如下两个条件：其一，必须具备足够大的规模和合适的边界以保证其资源既能得到持续性保护，也能提供美国人民享用国家公园的机会；其二，美国国家公园管理局可以通过合理的经济代价对该候选地进行有效保护。对于可行性的考察，一般考虑如下因素：占地面积、边界轮廓、对候选地及临近土地现状和潜在的使用、土地所有权状况、公众享用的潜力、各项费用（包括获取土地、发展、恢复和运营的费用）、可达性、对资源现状和潜在的威胁、资源的损害情况、需要的管理人员数目、地方规划和区划对候选地的限制、地方和公众的支持程度、命名后的经济和社会经济影响等。同时，可行性评价还将考虑国家公园管理局在资金和人员方面的限制。

（4）NPS不可替代性

从20世纪80年代以后，美国国家公园管理局开始强调合作的重要性。这一方面是因为美国国家公园体系本身已达到近600家单位，基本涵盖了美国重要的国家遗产，同时美国国家公园管理局的人力、财力已经达到极限；另一方面许多民间保护机构的出现也为美国资源保护形式的多样化提供了条件。在这种情况下，美国国家公园管理局鼓励民间保护机构、州和地方一级保护机构，以及其他联邦机构在新的资源保护地管理方面发挥领导作用。除非经过评估，清楚地表明候选地由美国国家公园管理局管理是最优的选择，是别的保护机构不可替代的，否则美国国家公园管理局会建议该候选地由一个或多个上述保护机构进行管理。

如果一个候选地确实能满足国家重要性的标准，但不能满足其他三条标准，同时又希望拥有国家公园的相关称号，则美国国家公园管理局会赋予它们一种特殊地位，即"国家公园体系附属地区"。例如，一个候选地的资源完全具备国家重要性的要求，但它的土地却非联邦政府所有，这种情况下，它们一般会成为"国家公园体系附属地区"。对于附属地区的管理有两点是值得关注的：首先，与其他国家公园体系单位一样，附属地区必须满足国家重要性的要求，也必须执行国家公园管理的相关政策和标准；其次，管理该地区的非联邦机构必须与美国国家公园管理局签订协议，以保证资源得到持续性保护。

三　美国国家公园的法律体系

1. 美国国家公园的法律体系介绍

美国国家公园立法全面，有24部针对国家公园体系的国会立法及62种规则、标准和执行命令，各个国家公园还均有专门法，形成了较为完整的法律体系。概括而言，美国国家公园的法律体系可以分为以下几个层次：国家公园基本法以及各国家公园的授权法、单行法、部门规章及其他相关联邦法律。

（1）国家公园基本法

1916年美国国会颁布了《国家公园基本法》，它是国家公园体系中最基本、最重要的法律规定。

随着美国国家公园体系的不断扩大和国家公园种类的日趋多样化，1970年，美国国会修改了国家公园基本法，修正案指出：从1872年设立黄石国家公园后，国家公园体系不断扩大，包括了美国每一个主要区域的杰出的自然、历史和休闲地区……这些地区虽然特征各异，但是由于目标和资源的内在关系被统一到一个国家公园体系之中，即它们任何一处都是作为一个完整的国家遗产的累积性表达……本修正案的目标是将上述地区扩展到体系之中，而且明确适用于国家公园体系的权限。该修正案同时规定：每一个国家公园单位，不仅要执行各自的授权法和国家公园基本法的要求，同时要执行其他针对国家公园体系的立法。

20世纪70年代中期，由于红杉树等国家公园面临来自公园边界外围的资源破坏威胁，为了加强内政部部长保护公园资源的权利，同时也为了保护国家公园体系的完整性，1978年，美国国会再次修改了《国家公园基本法》，指出："授权的行为应该得到解释，应该根据最高公众价值和国家公园体系的完整性实施保护、管理和行政，不应损害建立这些国家公园单位时的价值和目标，除非这种行为得到过或应该得到国会直接和特别的许可"。

（2）授权法

授权性立法文件，是美国国家公园体系中数量最大的法律文件。每一个国家公园体系单位都有其授权性立法文件，这些文件如果不是国会的成文法，就是美国总统令。一般来说，这些授权法包括总统令都会明确规定该国家公园单位的边界，它的重要性以及其他适用于该国家公园单位的内容。由于是为每个国家公园单位独立立法，所以立法内容很有针对性，是管理该国家公园的重要依据，其中最有名且引用最多的授权法是《黄石公园法》。

（3）单行法

美国国家公园的单行法体系主要有《原野法》、《原生自然与风景河流法》、《国家风景与历史游路法》。

《原野法》于1964年通过，是适用于美国整个国家公园体系的成文法之一。

《原生自然与风景河流法》于1968年开始实施，其原生自然与风景河流获得命名可以有两种方式：一是国会立法；二是各州提出申请，联邦内政部部长审批。对于原生自然与风景河流而言，最重要的保护措施是规划，由国会立法命名的河流，其管理的主要依据除立法外，还需内政部或农业部部长签署的规划，且任何联邦机构不得批准或资助原生自然与风景河流上的水资源建设项目。

《国家风景与历史游路法》于1968年通过，目的是为了促进国家风景游路网络的形成。其后美国国会修订了该法案，将历史游路加入进来。该法一经通过，国会立刻命名了两处风景游路，一处是阿帕拉奇游路，另一处为帕茨菲克科瑞斯特游路，同时还提名了14处进行研究。前者由美国国家公园管理局管理，后者由美国国家林务局管理。根据风景游路的性质，其允许的游憩活动主要是徒步旅行和原始性宿营，与国家原野自然与风景河流类似。风景与历史游路并不要求其土地一定归联邦政府所属，该法鼓励联邦、州和地方政府合作，以建立和保护这些游路，使其免受不当开发的威胁。

（4）部门规章

一般来说，成文法只规定能做什么、不能做什么，不涉及怎么做的问题。这种情况下，国家公园管理局的部门规章将起到相应作用。为有效管理国家公园，美国国家公园管理局根据《国家公园基本法》的授权制定了很多部门规章，这些规章同样具有法律效力。如果一项成文法清晰地指出国家公园管理局的权利与义务，而国家公园管理局的部门规章又很清楚地细化了成文法的相关内容，法院就会认可这些部门规章，同时国家公园管理局就可据它管理国家公园体系。

（5）其他相关联邦法律

除上述各项法律外，以下联邦法律也对美国国家公园体系的管理产生重要影响，包括《国家环境政策法》、《清洁空气法》、《清洁水资源法》、《濒危物种法》、《国家史迹保护法》等，这些法律不仅为国家公园管理局管理公园内部事务提供了依据，而且也是解决公园边界内外纠纷的有力工具。

2. 美国国家公园核心法规辑要

（1）《国家公园基本法》辑要

该法由美国国会于1916年颁布，并于1970年、1978年分别进行了修改，规定了美国国家公园管理局的基本职责。主要内容如下：

①国家公园管理局的创建与行政管理

国家公园管理局，是美国在内政部创建的一个服务机构，其主管负责人（局长）由参议院建议和同意，最终由总统任命。主管负责人（局长）要在土地管理、自然与文化资源保护方面拥有丰富的经验和极强的能力。局长下设两名副局长，一个负责国家公园的服务经营，另一个负责委派给国家公园的其他项目。其他下级职员、办事员、雇员都由国会拨款。

国家公园管理局的建立将促进、规范联邦地区的国家公园、古迹和下文中特别提到的保留地等，按照法律规定的手段和措施予以利用（除了陆军部部长的管辖范围）。根本目的是"保护自然风光、野生动植物和历史遗迹，为人们提供休闲享受的场所，同时不能破坏这些资源，以留给后代使用"。

②国家公园系统的管理与宗旨

国会宣称，国家公园系统始于1872年黄石国家公园的创建。经过多年发展，其类型现已涉及美国主要地区的领土和岛屿等财产，比如良好的自然、历史和娱乐地区等。这些地区，虽然特征不同，但在开发主题、资源投入等方面存在相互关联，公园系统已成为一种国家的遗产。

这些地域虽然或为个人所有、或为集体所有，但由于优良的环境质量，加之相互关联的保护与管理体系，且都是为了所有美国人的利益，起到了鼓舞美国公民、增强民族尊严和认同感的作用。该法案适用于国家公园系统内的所有地域，并负责向政府当局说明国家公园体系的情况。

为提升和管理好国家公园系统内的所有地域，国会进一步重申，所有的国家公园应该符合国家公园创建的主旨，代表所有美国人的共同利益。

国家公园授权的活动，应得到人们的理解。这些地域的保护、经营和管理，应当体现最大公共价值和国家公园体系的完整性，不得损害公园创建时的初衷，除非国会有特别的规定。

③国家公园、保留地和历史遗迹的监督与管理

在内政部部长的指导下，国家公园管理局主管负责人（局长）对国家公园拥有监督管理的权利。国家历史遗迹（确立于1916年8月25日）由内政部管辖。

对于类似于阿肯色州的温泉公园，以及其他的国家公园和保留地由国会创立。

在对国家森林附近的国家历史遗迹的监督管理上，内政部部长则要求国家公园管理局与农业部部长，在一定程度上开展合作。

④国家公园、保留地和历史遗迹的规章条例、木料管理、租赁协定

内政部部长应该组织制定、出版相关规章条例。同时，在国家公园管理局的权限范围内，内政部部长也应该对国家公园、保留地和历史遗迹的使用和管理采取必要的、适当的措施。对于任何违反法规授权的行为个体，可给予不超过500美元的罚款或不超过6个月的监禁，或两者兼而有之，并支付所有的诉讼费用。

为控制昆虫或疾病的袭击，保护自然和历史景观，在任何国家公园、保留地和历史遗迹范围内，内政部部长可以在规章条例的框架内，根据当时当地的实际情况和市场价格自行判断，以对公园内的木材进行砍伐、出售或其他处置。他也可以在自由裁量权限内，对其他可能会对国家公园、保留地和历史遗迹产生破坏的动植物采取必要的措施。

对于非自然的、罕见的、珍奇的以及其他有趣的物体都可以被租用，且不能对公众的享用造成妨碍。

在这样的规章制度以及特定情况下，在不违背国家公园、保留地和历史遗迹创建初衷的前提下，内政部部长可以规定或授权在任何国家公园、保留

地和历史遗迹内，进行特权放牧牲畜。当然，此规定不适用于黄石国家公园。

更进一步地，在没有广告、没有获得有竞争力报价等情况下，内政部部长可以同意授予特权、租赁合同、许可证和相关进入合同，给予相关有责任心的个人、公司和企业。在没有获得内政部部长批准的情况下，任何合同、租赁、许可证或特权授予，均不得在受让人、持证人等之间进行分配或转让。

⑤国家公园、保留地电力和交通通讯设施的通行权

在土地方面拥有管辖权的主管部门的领导，在一般的法规框架下，经批准和授权，对于指定的土地，可对美国的任何公民、协会或公司授权该土地的电力和交通通讯设施的通行权，时间期限从批准日起一般不超过50年。

美国公共用地和预留地之上的用于传输和分配的电线杆和电线，及相关的通讯设施设备（无线电、电视机及其他通讯传播、中转和接收设施工具），一般要求距离中心线各边均不超过200英尺（1英尺=0.3048m），且设施相互之间不超过400英尺×400英尺。

这样的权利，应当在国家公园和其他保留地范围内，并得到主管部门的监督和管控，且不能违背公众利益。同时，这样的权利（或全部，或部分），可能由于2年时间不使用或废弃，而被相关土地主管部门废止。

在美国，对于任何公民、协会或公司，在1911年3月4日之前存在的任何法律及其行为，均可获得同样的利益，可获得同样的适应性。

⑥国家公园、历史遗迹中捐赠的土地和资金

经授权，内政部部长对他管理的国家公园管理局进行管理。在他的自由裁量权限内，可接受国家公园、历史遗迹中捐赠的土地和资金，包括特殊土地、道路用地及其他土地、建筑物或其他财产。

⑦国家公园、历史遗迹中的道路、建筑物及其他

在管理权限内，经授权可建造、重建和改善国家公园、历史遗迹的公路和小径，以及必要的桥梁。

⑧员工的医疗服务

内政部部长在他管理的国家公园管理局内，必须与员工签订医疗服务保障合同，并缴纳医疗保险金。

⑨紧急情况下对游客的援助

经授权，内政部部长要对国家公园和国家历史遗迹地内游客的紧急需要提供帮助和援救。当食物和其他物资的供给无其他可获取途径时，国家公园管理局必须通过出售等方式，为游客提供足量、安全、便捷的物资。从这些销售中获得的收入应该存放起来，并用于购买后续类似的食物及供给。

⑩国家公园、历史遗迹中中央仓库的维护拨款

内政部部长在他管理的国家公园和历史遗迹中，需要维护好中央仓库，并为相关的行政管理、保护、维修和改善活动进行拨款，用于购买相关物资及供给（包括运输费、工资等）。对于特殊财政支持下的项目，以及不同级别财政相互间的转移支付，也应该用来支付相关物资和材料成本（包括运输费、工资等），这些均是来自当局对中央仓库的特别拨款支持。

这些物资和材料的拨款，在每个财政年度结束时都会连续不断地发放；同时，也会在不同政府间进行财政转移支付，主要用于对国家公园、历史遗迹的相关行政管理、保护、维修和改善费用支出，且在每一财政年度，相关拨款数额都不会以任何方式减少。

在任何财政年，拨款都不会超出合理的要求，不会因单独增加仓库库存价值而增加物资与材料的供给支出。

⑪旅游提升

内政部部长应该在美国的任何联邦、领域和领地，通过各种各样符合大众兴趣的活动（且不与任何州、城市和私人组织形成竞争）鼓励、提升和开发旅游。

（2）《原野法》辑要

该法颁布于1964年，它使美国国会有权命名联邦公有土地成为国家原野保护体系的一部分，主要内容包括：

①原野体系建立的政策声明

为保证人口不断增加及由此伴随而来的定居点扩建和种植机械化不占用和改变美国的所有区域及其财产，使得没有土地用于保留和保护其自然状态，

美国国会将建立国家原野保护体系作为国会的政策，以确保当前和未来美国人持久受益于原野的资源效益。

由国会指定的联邦政府公有土地中的保护系统即"原野地区"，这些地区要未受损伤地供将来使用和享受，以保护这些区域及其原野特征，并收集和传播有关使用和享受原野的信息，供美国人利用和享受。除非本法或随后的法律规定，否则没有联邦政府的土地将被划定为"原野地区"。

在将一个地区列入国家原野保护体系之前，该地区将继续由具有管辖权的部门和机构管理，除非国会法案另有规定。

②原野的定义

原野，与那些被人类和他们的工作占据的区域相比，被认为是土壤及生物群落不受人类干扰之地。在该法案中原野地区被进一步定义为：保留其原始特征和影响的没有被开发的联邦土地，该土地没有被永久改善或没有人类居住，它的保护和管理是为了保持其自然条件并达到如下目的：（a）一般看起来主要受自然力量的影响，人类劳作的印记大体上不明显；（b）具有显著的机会用于独处或原始类型的娱乐活动；（c）具有至少5000英亩（1英亩=4046.86m²）的土地或足够面积使得它的保存和在未受损伤的条件下使用可行；（d）还包含生态的、地质的或其他科学的、教育的、风景的或历史价值的特征。

③农业部门的职责

在本法案生效日期前的30天以上的时间内，被农业部部长或林务局局长归类为"原野"、"荒野"或者"荒岛"的国家森林里的所有地区，特此指定为原野地区。农业部应该：（a）在该法案有效日期后的一年内，提出一份由内政和岛屿事务委员会、美国参议院和众议院代表开出的有关每个原野地区的地图和法律说明书，并且这些说明书应该像列入了该法案一样具有相同的效力和效果，当然，在此条件下，该法律描述和地图的文书和排版错误修正是可进行的。（b）保持上述原野地区的公共记录公众能找得到，这些公共记录包括地图和法律说明书、管控它们的法规副本、公开通知副本和向国会提交的待增加、撤销或修改的报告。地图、法律说明书和条例涉及他们各自管辖范围内的原野地区的，大林区区长、国家森林主管和护林员的办公室也应提供给公众。

农业部部长应该在该法颁布十年内，复审被农业部部长或林务局局长归类为"原野地区"的国家森林里的所有地区，审查将其作为原野地区保护的适宜性或不适宜性并将其发现报告给总统。

④某些禁止用途

依据该法案，除本法特别规定外，受制于现有的私人权利，除基于本法的目的（包括涉及区内人员的安全与健康的突发事件所需的措施）必须满足地区政府的最低要求外，在本法所指定的任何原野地区内应当没有商业企业和永久的道路。在任何这些区域内也不得有临时道路，不得使用机动车、机动设备或摩托艇，不得有飞机降落和任何其他形式的机械运输、结构或设施。

（3）《原生自然与风景河流法》辑要

该法案颁布于1968年，目的是为了建立一个系统，以保护那些具有杰出的风景、游憩、地质、野生动物、历史、文化和相似价值的河流，使其保持自然状况。该法案的主要包括以下内容。

①立法目的

为了当前和未来人们的利益，国家选定的某些具有突出的风景、游憩、地质、鱼类和野生动物、历史、文化和相似价值的河流及其直接环境应保持自由流动的状态，应该得到保护，这是美国的政策。国会宣布，已有的在美国河流的合适位置建设大坝和其他建筑物的国家政策需要由另一个政策来补充，该政策将保护其他选定的河流或河段处于自由流动的状况，以此来保护这些河流的水质，达到其他重要的国家保护的目的。

本法的目的是通过如下措施来实施这一政策：建立国家原生自然与风景河流系统，指定这一系统的初始组成部分，并提出以此为依据的方法和标准，使得其他组成部分可以不时被添加到该系统中来。

②包含范围

国家原生自然与风景河流系统应该包括如下河流：国会授权包含其中的河流；那些由于其流动性，被国家或州立法机关的法律指定为原生的、风景的或休闲的河流；那些被国家的或有关国家的机构或政治分区永久管理为原生的、风景的或休闲的河流那些被内政部部长在运用州长或有关国家理事的权利时发现的河流，或被其指派来的人实施如他所描述的本法已经建立的标准及其补充条款时发现的河流；以及那些他们同意（包括运用州长或有关国家理事的权利）包含到系统中的河流，包括缅因州阿拉加什原野航道；还有威斯康星州狼河的一段（流经朗格拉德县的那段）和北卡罗来纳州新河的一段（自其与狗河下游约26.5英里的交汇处延伸到维吉尼亚州边境）。

③分类和管理

有资格包含在系统中的原生的、风景的或休闲的河流地区是一个自由流动的河流，其相关的相邻土地具有本法第一节第二条中所提到的一个或多个价值。每一条处于自由流动状态的原生的、风景的或休闲的河流或恢复到这个状态的河流，都应该有资格被包含到国家原生自然与风景河流系统中。若这些河流全部被包括到国家原生自然与风景河流系统中，应按下列方式之一分类、命名和管理：（a）原生河流区域——这些河流或河段可以自由蓄水，其流域或岸线基本上是原始的，河水也未受污染，并且除了步道外基本无法接近。这些河流代表原始的美国遗迹。（b）风景河流区域——这些河流或河段可以自由蓄水，其流域或岸线仍然大部分保持原始状态，岸线大部分都未被开发，但有公路到达。（c）休闲河流区域——这些河流或河段可以通过公路或铁路便捷地到达，其岸线周边可能有一些开发，也可能过去有一些蓄水或转移。

④政府职责

对于国会指定的处于国家原生自然与风景河流系统或今后有潜力增加到该系统的河流，国家森林土地牵涉到的内政部部长或农业部部长在适当的情况下应联合研究并向总统提交有关适宜性和非适宜性的报告。总统需向国会汇报他关于将每个这样的河流或河段纳入该法律体系的建议和意见。所有在该法案中5（a）（1）小节到（27）小节命名的有关河流的研究和报告必须在1978年10月2日前提交给国会。在开展研究时，内政部部长和农业部部长应当优先研究如下河流：（a）那些有最大可能性开发，且如果得到开发，将不适合包括在国家原生自然与风景河流系统里的河流。（b）在其范围内有最大比例私人土地的河流。

在向总统和国会提交这些报告之前，该报告的副本应由内政部部长提交给农业部部长或者由农业部部长提交给内政部部长，除非它是由内政部部长和农业部部长联合编写的。若可能，还要提交给陆军部部长、联邦电力监管委员会主席、其他受影响的联邦政府部门或机构的领导，除非那些地区已被提议将包含在美国国家拥有的地区或已经是由国会法案、其所处的国家或州的州长或州长指派官员授权用于收购的地区。在上述官员布置给准备报告的秘书提交报告日期的90日内，有关提案的任何建议或意见，连同秘书的意见，可以一并提交给总统和国会。

四 美国国家公园的管理模式

1. 管理机制

（1）实行自上而下的垂直管理制度

美国国家公园采取的是典型的中央集权型管理体制，实践中实行的是国家、地区和公园的三级垂直管理体系。其最高行政机构为内务部下属的国家公园管理局，成立于1916年，负责全国国家公园的管理、监督、政策制定等，设总局局长1名，由内政部部长所指派，但人选必须经过参议院认可；总局局长职位下设2位副局长和1位外务部协理；总局下设直接向总局局长负责的5个职能部门。在总局的领导下，再分设跨州的7个地区局作为国家公园的地区管理机构，并以州界为标准来划分具体的管理范围（表1-5）；地区局下设16个支持系统，一般是将生态环境和文化资源类似的公园组成一个公园组，以便按其资源类型和特色开展相应的管理工作。每座公园则实行园长负责制，并由其具体负责公园的综合管理事务（图1-1）。国家公园管理局总部与各地方执行机构同时向局长负责，并成立由总局局长、2位副局长、5位职能协理、7位分局局长共15人组成的决策与指挥中心——国家公园领导委员会。三级垂直管理分工明确，工作范围清楚，国家公园所在地的地方政府无权干涉国家公园管理局的管理，即使治安也由国家公园管理局独立执行。

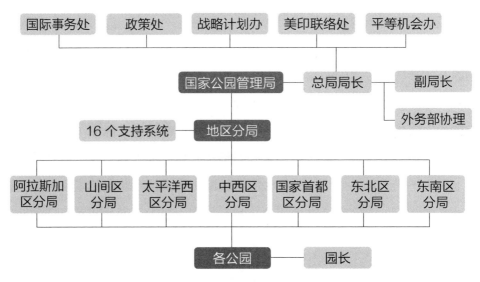

图1-1 美国国家公园管理体系

表1-5 美国国家公园分区管理范围

区域	包括范围
阿拉斯加区	阿拉斯加州
山间区	亚利桑那州、科罗拉多州、蒙大拿州、新墨西哥州、俄克拉何马州、犹他州、怀俄明州
太平洋西区	加利福尼亚州、夏威夷州、爱荷达州、内华达州、俄勒冈州、华盛顿州
中西区	阿肯色州、伊力诺伊州、印第安纳州、艾奥瓦州、堪萨斯州、密歇根州、明尼苏达州、密苏里州、内布拉斯加州、北达科他州、俄亥俄州、南达科他州、威斯康星州
国家首都区	哥伦比亚特区、马里兰州、弗吉尼亚州、西弗吉尼亚州
东北区	康涅狄格州、缅因州、马萨诸塞州、新汉普郡、新泽西州、纽约州、罗德岛、佛蒙特州
东南区	亚拉巴马州、佛罗里达州、佐治亚州、肯塔基州、路易斯安那州、密西西比州、北卡罗来纳州、南卡罗来纳州、田纳西州、波多黎各州、维京群岛

（2）实施统一的规划管理

为保证规划的质量，预防违反规划事情的发生，确保资源与环境得到有效保护，美国国家公园的规划设计实行独家垄断制度，由国家公园管理局下设的丹佛规划设计中心全权负责，再在各地区局下设规划设计专业机构，基层国家公园则建立规划设计小组。同时，为确保公园设计开发工作的合理有效，规划设计方案在上报前必须先向当地居民广泛征求意见并加以修改，否则参议院不予讨论。而且，为最大限度地减少人类活动对自然进化进程的影响，美国国家公园的总体管理规划、战略规划、实施规划及年度执行计划都还必须要与严格的环境影响评价有机地结合起来。

（3）强化公众参与

美国国家公园的决策必须向公众征询意见乃至进行一定范围的全民公决，如各种环境分析和公众参与，在任何规划层次之中都要予以考虑，这使得公园主管部门的决策不得不考虑多数人利益的最大化而非部门利益的最大化，也使管理机构本身几乎没有以权谋私的空间。

（4）关注游客多样化的体验需求

随着二战后美国人民户外游憩、休闲娱乐需求的增加，为满足人们日益多样化的产品需求，20世纪60～70年代，美国提出了游憩机会谱的理论体系，它从影响游客体验的角度，将公共游憩地划分为不同等级，不同等级提供不同的旅游活动，即不同的游憩机会。该理论的提出不仅有利于为游客提供多样化的体验，还促进了国家公园的有效保护和管理，对推动世界国家公园的发展也产生了重要意义。

 链接1

美国游憩机会谱

1976年，美国国家森林管理条例要求建立游憩机会谱（Recreation

Opportunity Spectrum，ROS）框架体系。1982年，美国农业部下属的林业局
［U.S. Department of Agriculture (USDA)，Forest Service］出版了《ROS使用者
指南》，为ROS的具体实施提出了指导性框架。

　　游憩机会谱框架的基本意图是确定不同游憩环境类型，使每一种环境
类型能够提供不同的游憩机会。根据克勒克和斯坦奇的定义，游憩机会的
环境为物质、生物、社会和赋予游憩地点价值的管理条件的综合体；"机会"
则包括环境特征（植被、景观、地形、风景），与之相关的游憩使用（使用
水平和类型），以及管理提供的条件（开发、道路、规章）。通过组合这些
不同的特征和条件，管理机构可以为游憩者提供不同的游憩机会。因此，
游憩机会谱是由美国林务局综合游憩活动、环境和体验确认的6个从城市到
原始区域的游憩机会序列：原始、半原始无机动车辆、半原始有机动车辆、
通路的自然区域、乡村及城市，它的3个主要的组成部分是活动、环境和体
验。游憩机会谱每一级别根据游憩环境特点、管理力度、使用者团队的相
互作用、人类改变自然环境的迹象、机会区域的规模以及偏远程度来确定
（表1-6）。

表1-6　游憩机会谱6个级别序列环境描述

序列	环境描述
原始	未经改变的规模很大的自然区域；使用者之间的相互作用很低，其他使用者出现的迹象很少；在管理方面，人类限制和控制的影响很小；区域内禁止机动车辆
半原始无机动车辆	区域主要特征是自然环境，中等到大型规模；使用者之间的相互作用很低，但经常有其他使用者出现的迹象；在管理方面，对使用地点的控制很小但具有一定的限制
半原始有机动车辆	中等到大型的以自然特征为主的区域；游客集聚的程度比较低但经常能够看到其他使用者；在管理方面，对使用地点的控制很小但具有一定的限制；区域内允许使用机动车辆
通路的自然区域	以自然特征为主的区域，有中等程度的人类迹象出现，但基本与自然环境和谐；使用者之间的相互作用为低到中等程度，但其他使用者出现得很普遍；资源改变和利用的实践很明显但基本与自然环境和谐

（续）

序列	环境描述
乡村	主要以改变的自然环境为特征，利用和改变的实践用来提高特殊的娱乐活动，维持植被和土壤；人类迹象明显，使用者之间的相互作用由中等到多；有相当数量的设施提供给游客使用；为一定的活动提供设施；非热点区域为中等游人密度；为密集的机动车使用提供设施及停车场
城市	主要以城市环境为主，虽然背景可能有一些自然要素；可更新的资源改变和利用的实践用来提高特殊的游憩活动；植被通常是外来种并且被修剪，在游憩地点人类迹象明显；为高度密集的汽车使用提供设施和停车场，公共交通系统可以载游客进入游憩地点

注：目前游憩机会谱的框架体系主要应用于美国林业局和土地管理局所管辖的土地区域内，其应用至少包括3个方面：编制游憩机会目录清单；评估管理决策对游憩机会的影响；作为与公众沟通的方法，分配给游憩者期望的游憩资源。

摘选自：蔡君.略论游憩机会谱（Recreation Opportunity Spectrum，ROS）框架体系.中国园林，2006年第七期。

2. 资金机制

美国国家公园的资金机制主要来源于如下几方面：

一是联邦政府拨款。作为一个以保护、保存自然历史文化资源以满足当代和下一代休闲、教育等需要为己任的公益部门，美国国家公园的日常开支主要来源于联邦财政拨款，每年国家公园管理局都会根据整个公园的状况向国会提交一份预算报告，总结上一年的预算完成情况并对下一年的预算提出要求。目前，美国国会每年对国家公园的拨款资金均超过20亿美元，其中2/3为工资开支，其余费用用于建设和维持管理。国会拨款一方面为国家公园的运行提供了稳定的资金来源，另一方面又使国家公园管理机构可以保持其非盈利性公益机构的本质，真正做到"保护第一"。

二是门票及其他收入。美国国家公园收费制度始于1916年，目前约有190个国家公园向游客收取门票，200多个公园还收取一些设施和服务使用费（如导游解说、停车、宿营费等），这些门票收入全额上缴联邦财政，国会返还门票全部用于景区基础设施建设和维护，绝对不允许国家公园管理局下达经济创收指标，在资金管理机制上保证了美国国家公园体系作为国家遗产资源在联邦经常性财政支出中的地位。但鉴于美国国家公园的公益性，其国家公园严格限制门票的征收，现行的门票价格相当低廉，大多数公园门票控制在30美元左右，仅为美国中产阶级年收入的千分之一，另外，还针对不同类型的游客推出了各种优惠措施（如美国有近400家公园联手推出国家公园年票制度，只需50美元就可以在一年内畅游美国所有的国家公园），因而门票收入在公园预算中的比例非常低。同时，为弥补公园开支，2000年开始，国会又立法通过允许公园管理者向在国家公园内从事商业摄影、电影外景拍摄和声音录制等活动收取费用，也为公园的运营提供了一定资金。

三是社会捐赠。美国社会捐赠机制日渐成熟，民众对遗产资源也大多高度认同，各种致力于国家公园保护的个人、非政府组织和公司等不仅呼吁人们写信给总统要求按公园所需资金拨付财政资金，还会以售卖图书、号召捐助等方式筹集资金，帮助公园开展各种教育和维修项目，这使得社会捐赠在国家公园财政体系中比例不断提高，从而大大减轻了联邦政府的财政负担。

四是特许经营收入。目前，全美59个国家公园内约有630个特许经营项目，这一收入为国家公园提供了20%左右的运营经费。

3. 经营机制

（1）实行严格的"管理与经营相分离"的制度

在经营机制上，美国国家公园实行严格的"管理与经营相分离"的制度，国家公园本身不从事任何盈利性的商业活动的经营，专注于自然文化遗产的保护与管理，公园内商业经营项目通过特许经营的办法委托企业经营，管理机构从特许经营项目收入中提取一定比例的费用用于改善公园管理。

依据1965年美国国会通过的《特许经营法》，特许经营的出让方式通常是由国家公园管理局的地区主任和美国政府与在公开招标中中标的人签订出让合同。出让的期限通常不超过十年，通过参议院、众议院两院批准的，最多不能超过二十年。如果受让人在合同期间有严重的违约或者违反了联邦、州和地方已经生效或即将颁布的有关法律、政策、规章要求等，国家公园管理局有权利单方面终止合同。

美国国家公园特许经营的界限非常明确，仅限于提供与消耗性地利用国家公园核心资源无关的服务，包括公园的住宿、餐饮等旅游服务设施以及旅游纪念品的经营等，以确保在向游客提供必要与适当的商业服务时，使特许经营的业务同公园资源的保护相一致。核准公园的特许经营权将依据如下的条件做出：①确定其设施及服务对于其所在的公园的公共性使用与享受具有必要性和适当性，并且可以确保公园外的需求无法给予满足；②确定其服务及设施的提供方式可以进一步地推动对国家公园资源、环境与价值的保护和保存；③在设计、规划、选址、施工、建筑材料的选择、公用设施系统及废弃物回收的管理中能够体现可持续理念；④提高游客对于公园的使用率及享受度，并且不会造成对国家公园资源和价值的不可接受的损坏。同时经营者在经营规模、价格水平、经营质量等方面也必须接受公园管理者的监管，且所授权的任何特许的设施改善计划或者任何的服务都必须同正在讨论的领域的核准计划相一致。

特许经营制度的实施，形成了管理者和经营者角色的分离，不仅强化了对国家公园的管理，也有效地避免了政企不分及重经济效益、轻资源保护的弊端，实现了资源开发与保护的良性循环。

（2）奉行保护第一的原则

美国国家公园不以经济效益为主要目的，大部分修建的根本目的是自然保护和公众游乐，而其中自然保护是国家公园成立的首要目的，观光游览次之，形成了较为完善的保护与游览相协调的方案，主要体现在如下几个方面。其一，国家公园内不允许建造索道缆车和娱乐性设施。美国大多数国家公园面积广大，高山峻峰较多，但为了避免对环境大规模的破坏，均不允许修建索道。其二，车道选线十分谨慎，不得破坏自然景观和资源。即便是在完善可进入性方面，为了避免修建道路对生态环境造成的破坏，也尽量采取各种补救措施，如著名的"野生动物跨越道"就是为了使各种生物能同样使用道路两边的生态环境而设计的。其三，加强对游客的管理。在国家公园内，游人住宿的旅馆床位和野营地床位都是严格控制的，必须远离重点景观的保护地。游客也是人为控制的，必须事先申请，获批准后才能进入，且游客不能喂食野生动物，不能追捕狩猎等。其四，严格建设管理。国家公园内的建筑，形式多采用地方风格，力求与当地自然环境和风俗民情相协调，且建筑建在隐蔽的地方，使其与当地的自然环境融为一体。同时，美国国家公园内不许建造高层旅馆、餐馆、商店、度假村、别墅，更不能建造旅游城镇，只允许建造少量的、小型的、朴素的、分散的旅游生活服务基本设施。其五，环境保护设施先进。美国国家公园内没有任何工业、农业生产厂房或仓库，但设有先进的污水处理及垃圾处理设施。

 链接2

美国黄石国家公园管理模式

黄石公园位于美国中西部怀俄明州的西北角，并向西北方向延伸到爱达荷州和蒙大拿州，面积达8956km²。这片地区原本是印地安人的圣地，因美国探险家路易斯与克拉克的发掘而成为世界上最早的国家公园。

黄石国家公园重视资源保护工作，公园的所有工作人员都参与公园资源的保护工作，所有的雇员都被鼓励参与对游客的教育活动，尤其是教育的内容涉及资源保护时。同时，为了加强经营管理和资源保护方面的联系，黄石公园除了资源方面的专家负责监督公园的自然和文化方面的资源状况以及确定需要采取什么措施去保护或修复它们之外，还有5个全职的资源运营协调员，另外，通常情况下，还有15名雇员被安排在资源运营和保护部工作。

在资金运作上，黄石公园的资金来源构成包括：

①基本资金。该资金每年由国会批准，并根据国家公园服务法划拨给每一个国家公园。尽管这笔资金每年都在增长，但其增长幅度仍低于黄石公园开支的增幅。

②特殊项目酬金。除门票以外，黄石公园还被授权对特殊的活动收取酬金。

③项目的拨款。针对特别项目的资金，这些项目必须是在国家公园服务法中认为是值得的，才能够被批准获得拨款。

④私人捐赠。以个人名义向黄石公园捐赠的运营维护资金。这些钱不包括黄石公园协会和黄石公园基金会所获得的捐赠。

⑤建设项目。除了每年划拨的基本资金，国会还专门为国家公园系统划拨建设资金，每一个建设项目必须由国会单独批准，因此，黄石公园必须通过和其他公园竞争才有可能获得该项资金。

第二章

加拿大国家公园体制

一 加拿大国家公园的发展历程与现状

1. 加拿大国家公园的发展历程

加拿大是世界上国家公园建立历史最早的国家之一。1883年，加拿大太平洋沿线铁路修筑到了落基山山脉，两位铁路工人在工地硫黄山山脚下发现了一个天然温泉，并在其附近搭建了一些棚屋。1885年，争夺温泉所有权的诉讼引起了政府的注意，该年11月，联邦政府宣布温泉周围26km²的土地收归国有，设立温泉自然保护区，这就是加拿大国家公园的雏形。1887年，加拿大政府将温泉自然保护区面积扩大到674km²，并定名为"落基山国家天然公园"。1930年，由于它位于班夫城郊，遂改名为"班夫国家公园"。后来，在太平洋铁路沿线又设立了一批国家公园，如著名的幽鹤、冰川国家公园等，到1914年加拿大国家公园已达到8个。第一次世界大战后，加拿大开始了设立国家公园的高潮，这一时期新设的国家公园有：森林野牛国家公园、阿尔伯特太子山、雷丁山、爱德华太子岛、布雷顿角高地国家公园等。

二战后，加拿大的经济出现空前繁荣，小汽车普及、人们闲暇时间增多，旅游业迅速发展，导致国家公园旅游人数猛增，给国家公园环境容量带来了极大压力。为缓解自然景观的保护与旅游业发展的矛盾，联邦政府一方面加大保护力度，另一方面则设立新的国家公园来分散旅游者。1962-1972年，加拿大设立了10个国家公园，1972-1992年新设了7个国家公园，1992年以来又新设了4个国家公园。截至目前，加拿大国家公园数已达38个。

概括加拿大国家公园的发展历程，可分为如下几个阶段。

（1）以经济利益为主的国家公园初创阶段（1885-1911年）

由于太平洋铁路的修建，在班夫发现了温泉。联邦政府和太平洋铁路公司一起为了开发温泉而建立了落基山国家天然公园，后改称班夫国家公园。至1911年，联邦政府在落基山共建立了5个多用途的公园，这一举措也促进了省立公园的建设。当时还没有国家公园的体系，分别称为公园、公园保护区和森林保护区，它们的建立更多地是以获利为目的而不是以资源和环境保护为目的的，资源开发如伐木、放牧和采矿等活动没有被禁止。

（2）注重生态保护的发展阶段（1911-1990年）

1911年，加拿大议会通过了领土森林保护区和公园行动计划，原有的公园中的一部分用于游憩的土地被划出来作为森林保护区，用于保护野生动物，但在巨大的经济利益的驱使下，公园内的自然保护受到的各方面压力很大。1923年，民间开始出现抵制国家公园内商业开发的活动。1930年国会通过了国家公园行动计划，确立了国家公园的宗旨是"为了加拿大人民的利益、教育和娱乐而服务于加拿大人民，国家公园应该得到很好的利用和管理以使下一代使用时没有遭到破坏"，同时规定"新的国家公园的建立以及旧的国家公园范围的变更必须得到国会的批准"。20世纪60年代以来，环境问题引起广泛关注，在1961年召开的"明天的资源大会"上，与会代表提出必须成立一个非政府组织监督已经设立的公园，这就是1963年成立的加拿大国家和省立公园协会，亦即现在的加拿大公园和原始生境学会，这一组织抵制了1972年在班夫召开冬季奥运会的计划，它也标志着国家公园的价值取向从游憩利用转向生态保护。

（3）以生态完整性为目标的完善阶段（1990年至今）

随着生态环保观念的深入人心，进入20世纪90年代以来，国家公园的生态完整性成为加拿大国家公园的目标，加拿大国家公园管理局与大学、研究机构、工业部门、当地政府和原住民充分合作，一切决策均以保护生态完整性为首要目标。加拿大国家公园管理局还对各个国家公园面临的胁迫状况进行了分析，并提出了相应的对策。同时，在这一时期，除了完善陆地国家公园系统外，也开展了海洋国家公园的建设。

2. 加拿大国家公园的发展现状

经过100多年的发展，目前，加拿大共设立了38个国家公园和8个国家公园保留地（表2-1，其中克鲁恩及保留地既是国家公园也是国家公园保留地），这些国家公园总面积达5000万hm²，约占加拿大国土面积的5%，代表全国39个陆地自然区中的25个。其中面积最大的是森林野牛国家公园，面积448.07万hm²；面积最小的是圣劳伦斯岛国家公园，仅870hm²。建园历史最早的是班夫国家公园，建于1885年；建园历史最短的是通戈山国家公园，2005年刚刚建立（不含国家公园保留地）。

此外，加拿大还建成了省立公园1800多个，面积约为2500hm²，约占国土面积的2.5%。其中不列颠哥伦比亚省520处、安大略省270处、艾伯塔省310处，经营面积分别是819万hm²、920万hm²和670万hm²。这些省立公园虽然由省级政府管理，但许多被认为具有国家和国际重要性，如艾伯塔省的恐龙省立公园被列入世界遗产地，不列颠哥伦比亚省的埃齐扎山省立公园、斯帕齐济高原原野公园，安大略省的北极熊省立公园，纽芬兰省的艾维伦原野区被认为是具国家意义的保护区。

表2-1　加拿大国家公园及保留地一览

公园名称（中文名）	公园名称（英文名）	所在地区	面积（km²）	建立时间（年）
奥拉维克国家公园	Aulavik National Park	西北地区	12200	1992
奥尤特克国家公园	Auyuittuq National Park	努纳武特	21471	2001
班夫国家公园	Banff National Park	艾伯塔	6641	1885
布鲁斯半岛国家公园	Bruce Peninsula National Park	安大略	154	1987
布雷顿角高地国家公园	Cape Breton Highlands National Park	新斯科舍	949	1936
麋鹿岛国家公园	Elk Island National Park	艾伯塔	194	1913
佛里昂国家公园	Forillon National Park	魁北克	244	1970

（续）

公园名称 （中文名）	公园名称（英文名）	所在地区	面积 （km²）	建立时间 （年）
芬迪国家公园	Fundy National Park	新不伦瑞克	206	1948
乔治亚湾岛国家公园	Georgian Bay Islands National Park	安大略	13	1929
冰川国家公园	Glacier National Park	不列颠哥伦比亚	1349	1886
草原国家公园	Grasslands National Park	萨斯喀彻温	907	1981
格罗斯莫恩国家公园	Gros Morne National Park	纽芬兰与拉布拉多	1805	1973
伊瓦维克国家公园	Ivvavik National Park	育空	10168	1984
贾斯珀国家公园	Jasper National Park	艾伯塔	10878	1907
克吉姆库吉克国家公园	Kejimkujik National Park	新斯科舍	404	1968
库特尼国家公园	Kootenay National Park	不列颠哥伦比亚	1406	1920
古什布格瓦克国家公园	Kouchibouguac National Park	新不伦瑞克	239	1969
莫里斯国家公园	La Maurice National Park	魁北克	536	1970
勒维斯托克山国家公园	Mount Revelstoke National Park	不列颠哥伦比亚	260	1914
皮利角国家公园	Point Pelee National Park	安大略	15	1918
阿尔伯特太子山国家公园	Prince Albert National Park	萨斯喀彻温	3874	1927
爱德华王子岛国家公园	Prince Edward Island National Park	爱德华王子岛	22	1937

（续）

公园名称 （中文名）	公园名称（英文名）	所在地区	面积 （km²）	建立时间 （年）
普卡斯克瓦国家公园	Pukaskwa National Park	安大略	1878	1978
古丁尼柏国家公园	Quttinirpaaq National Park	努纳武特	37775	2001
雷丁山国家公园	Riding Mountain National Park	曼尼托巴	2973	1933
谢米里克国家公园	Sirmilik National park	努纳武特	22200	2001
圣劳伦斯岛国家公园	St. Lawrence Islands National Park	安大略	8.7	1904
特拉诺华国家公园	Terra Nova National Park	纽芬兰与拉布拉多	400	1957
通戈山国家公园	Torngat Mountains National Park	纽芬兰与拉布拉多	9600	2005
图克图特诺革特国家公园	Tuktut Nogait National Park	西北地区	16340	1996
乌库什沙里克国家公园	Ukkusiksalik National Park	努纳武特	20500	2003
乌恩图特国家公园	Vuntut National Park	育空	4345	1995
瓦布斯克国家公园	Wapusk National Park	曼尼托巴	11475	1996
沃特顿湖国家公园	Waterton Lakes National Park	艾伯塔	505	1895
森林野牛国家公园	Wood Buffalo National Park	艾伯塔、西北地区	44807	1922
幽鹤国家公园	Yoho National Park	不列颠哥伦比亚	1313	1886
克鲁恩国家公园及保留地	Kluane National Park and Reserve	育空	22013	1972

（续）

公园名称（中文名）	公园名称（英文名）	所在地区	面积（ km^2 ）	建立时间（年）
海湾岛群国家公园保留地	Gulf Islands National Park Reserve	不列颠哥伦比亚	33	2003
格怀伊哈纳斯国家公园保留地和海达文物古迹	Gwaii Haanas National Park Reserve and Haida Heritage Site	不列颠哥伦比亚	1495	1988
敏甘群岛国家公园保留地	Mingan Archipelago National Park Reserve	魁北克	151	1984
纳茨伊奇沃国家公园保留地	Naats'ihch'oh National Park Reserve	西北地区	4850	2012
纳汉尼国家公园保留地	Nahanni National Park Reserve	西北地区	30000	1976
太平洋沿岸国家公园保留地	Pacific Rim National Park Reserve	不列颠哥伦比亚	511	1970
黑貂岛国家公园保留地	Sable Island National Park Reserve	新斯科舍	34	2011

二　加拿大国家公园的概念和选定标准

1. 加拿大国家公园的概念

加拿大国家公园是加拿大建立在全国各地，以保护不同地域特征的自然空间，由加拿大国家公园管理局管理，在不破坏园内野生动物栖息地的情况下可以供市民使用的地方，包括国家公园、国家海洋保护区域和国家地标。《国家公园法》规定"加拿大国家公园是全体加拿大人世代获得享受、接受教育、进行娱乐和欣赏的地方……它应该得到精心的保护和利用，并完好无损地留给后代享用"。

2. 加拿大国家公园的选定标准

加拿大国家公园的确认有一套严格的科学规定和方法。

首先，国家公园管理局调查加拿大境内所有的原始自然区域，把具有丰富的自然地理要素、生物资源和地貌类型，没有被人为改变或受人为改变非常小的区域确认为"典型自然景观区域"。"典型自然景观区域"的确定是由国家公园管理局、地方政府和对此感兴趣的公众共同完成的。值得一提的是，"典型自然景观区域"的范围不受现有土地政策和法规的限制，这为国家公园边界的调整提供了依据。

其次，按照美国的"自然地理区域"概念思想，对"典型自然景观区域"作进一步的论证，在考虑下列因素的基础上从中选出"自然地理区域"：①存在着或潜在的对该区域自然环境威胁的因素；②该区域的开发利用程度；③已有国家公园的地理分布状况；④地方的和其他自然保护区的保护目的；⑤为公众提供旅游机会的数量；⑥原住民对该区域的威胁程度。按此标准，加拿大将全国划分为39个"自然地理区域"，具体名单如表2-2所示，分布情况如图2-1所示。

表2-2 加拿大自然地理区域

地区	自然地理区域
西部山地区	1.太平洋沿岸山地区；2.乔治亚低地海峡区；3.内陆干旱高原区；4.哥伦比亚山地区；5.落基山山地区；6.北部海岸山地区；7.北部内陆高原、山地区；8.马更些山地区；9.北育空区
内陆平原区	10.马更些三角洲区；11.北方北部平原区；12.北方南部平原和高原区；13.北美大草原草地区；14.马尼托巴低地区
加拿大地盾区	15.极北冻原丘陵区；16.中部冻原区；17.北方西北高地区；18.北方中部高地区；19a.大湖西部——圣劳伦斯前寒武纪区；19b.大湖中部——圣劳伦斯前寒武纪区；19c.大湖东部——圣劳伦斯前寒武纪区；20.劳伦琴北方高山区；21.东部海岸北方区；22.北方湖泊高原区；23.威尔河区；24.北方拉布拉多山地区；25.昂加瓦冻原高原区；26.戴维斯北区
哈得孙海湾低地	27.哈得孙—詹姆斯低地区；28.南安普敦平原区
圣劳伦斯低地	29a.圣劳伦斯西部低地；29b.圣劳伦斯中部低地；29c.圣劳伦斯东部低地

（续）

地区	自然地理区域
阿巴拉契亚区	30. 圣母玛丽亚—米加伦蒂兔山地区；31. 阿卡迪亚近海高山区；32. 近海平原区；33. 大西洋沿岸高地区；34. 纽芬兰西部高山区；35. 纽芬兰东部大西洋区
北极低地	36. 北极西部低地区；37. 北极东部低地区
北极岛屿区	38. 西部高北极区；39. 东部高北极区

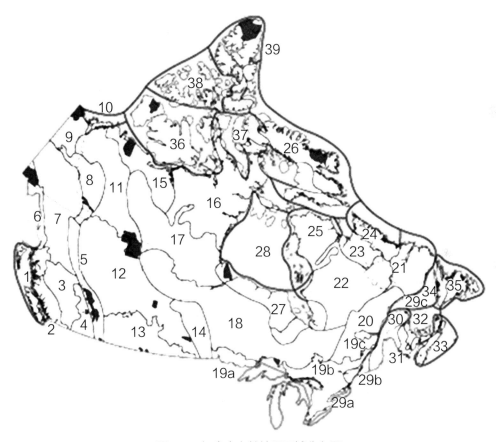

图2-1　加拿大自然地理区域分布图

　　最后，新的国家公园就从这些"自然地理区域"中挑选，但设立新的国家公园有复杂的程序和步骤，一般需经过以下几个步骤：①确定所代表的国家公园自然区域。新建的国家公园应偏重在那些还没有建立国家公园的陆地自然区域内。选择的地点首先必须能很好地体现该自然区域各种各样的特征，包括野生生物、植被、地质和地形等；其次，该地的人类影响应该最小，基本处于自然状态。②选择潜在的国家公园。在有可能成为国家公园的众多小区中，根据诸多因素，比如是否具有特殊的自然现象及珍稀濒危野生动植物物种；是否能为公众提供了解、鉴赏和享用自然的机会；是否符合国家公园的国际标准等，选择一个合适的小区作为潜在的国家公园。③对潜在的国家公园进行可行性研究。对于一个潜在的国家公园，应作详细的可行性论证，这可能需省级（地区）政府的直接参与，也可能需要与地方团体、原住民、相关的工业部门、非政府组织及所有对此感兴趣的公众共同协商，并根据生态完整性等诸多因素来划定边界。如果评估可行，政府将起草一份建立公园的协议；如果不可行，需考虑某些其他的地方。④讨论新公园协议。根据国家公园法，国家公园必须是联邦所有的。由于目前大部分土地属省有，新公园的建立经常需要协商，协商内容包括公园边界、土地征用细节、传统的资源利用方式、公园及周围地区土地的规划与管理、公园管理机构的组成与作用、经济利益分配等。⑤通过立法确定一个新国家公园的建立。上述过程完成以后，经议会批准建立新的国家公园，并以法律形式确定下来。

三 加拿大国家公园的法律体系

1. 加拿大国家公园的法律体系介绍

加拿大国家公园的管理主要通过四级政府的立法，即国家级、省级、地区级和市级，其中以国家级和省级为主。

加拿大国家公园的法律法规体系较为完善，早在1887年为规范班夫国家公园的管理，便颁布了《落基山公园法》对其实施专门保护。随后，在1911年又出台了《自治领地保护区和公园法》。1930年，加拿大正式颁布《加拿大国家公园法》，后来历经多次修改，最新版于2000年10月20日由国会通过，部分条款当即生效，部分条款于2001年2月19日生效，还有部分条款于2005年10月1日生效。此外，加拿大还制定了《加拿大国家公园法》、《野生动物法》、《濒危物种保护法》、《狩猎法》、《防火法》、《放牧法》等诸多法律和《国家公园通用法规》、《国家公园建筑物法规》、《国家公园别墅建筑法规》、《国家公园墓地法规》、《国家公园家畜法规》、《国家公园钓鱼法规》、《国家公园垃圾法规》、《国家公园租约和营业执照法规》、《国家公园野生动物法规》、《国家历史遗迹公园通用法规》、《国家历史遗迹公园野生动物及家畜管理法规》等多部相关法规，形成了较为完善的国家公园管理法律法规体系，并通过了《加拿大国家公园管理局法》、《加拿大遗产部法》等来规范国家公园组织管理机构的运行。

各省制定的法律也较为健全，大部分省均制定并颁布了省立公园法案以及保护森林和野生动物及森林防火方面的法律，且规定十分详尽、具体，真正做到有法可依。

2.　加拿大国家公园核心法规辑要

（1）《加拿大国家公园法》辑要

国家公园法从根本上不同于其他公园立法，它是唯一由联邦立法确定，且在管理中将生态因子作为重要方面考虑的法律，是加拿大最先进、最关注生态的公园立法。首次颁布于1930年，经1988年、2000年两次修订。其主要内容包括：

①建立目的

加拿大的国家公园，是全体加拿大人世代获得享受、接受教育、进行娱乐和欣赏的地方；根据本法及相应法规的规定，它应该得到精心保护和利用，并完好无损地留给后代享用。

依据本法建立的国家公园保留地，其建立目的与国家公园建设目的一致，这些地区或其部分地区提出建立公园，必须服从尊重原住民权利的要求，这一要求已经通过政府的谈判并被接受了。

②公园的建立或扩大

其一，除本法第七条外，为了建立或扩大一个公园，加拿大总督可以通过添加公园名称和说明，或改变公园描述的方式对《加拿大国家公园法》附表1[①]

[①] 本书由于是节选和摘录，附表略，详见《加拿大国家公园法》原文，下同。

进行修订——如果总督满意如下内容：女皇在加拿大的权利有明确的所有权或公园土地所有权的支配权；或者这些土地所在地的省政府同意其用地目的。

其二，如果具有管辖权的法院发现，加拿大女皇对公园内的土地没有所有权或支配权，加拿大总督应该按照命令通过删除公园名称和说明，或改变公园描述的方式而修订《加拿大国家公园法》附表1（略）。

其三，除上述第二款规定的情况外，加拿大总督不能为了变动公园的任何部分，而对《加拿大国家公园法》附表1进行修订。

③公园保留地的建立或扩大

其一，除本法第七条外，为了建立或扩大一个公园保留地，加拿大总督可以通过添加保留地名称和说明，或改变保留地描述的方式对附表2进行修订，如果总督对那些保留地土地所坐落的省政府同意按这目的来使用这些土地的情况表示满意。

其二，如果本法第四条第二款所指索赔结算，加拿大总督可以奉命：（a）通过删除公园保留地名称和说明，或改变保留地描述的方式修订《加拿大国家公园法》附表2；（b）如果解决方案规定，公园保留地（或它的一部分）将变成一个公园（或其中的一部分），加拿大总督可以通过添加保留地名称和说明，或改变保留地描述的方式而修订《加拿大国家公园法》附表1，如果总督对女皇在加拿大的权利——所有权或公园土地所有权的支配权表示满意。

其三，如果具有管辖权的法院发现，女皇在加拿大的权利没有明确的标明或女皇在加拿大的权利没有明确的所有权或公园土地所有权的支配权，加拿大总督应该奉命通过删除公园保留地名称和说明，或改变保留地描述的方式修订《加拿大国家公园法》附表2。

其四，除上述第二、三款规定外，总督不能为了变动公园保留地的任何部分而对《加拿大国家公园法》附表2进行修订。

④修正案

其一，基于上述②和③小点的第一条提到的目的，对《加拿大国家公园法》附表1或《加拿大国家公园法》附表2修订前，所提出的修正案，连同提议建立公园或公园保留地的报告及其磋商信息和在建立方面达成的任何协议，应提交到国会的各个议院。一项修正案提交代表提交到每个内务委员会代表通常考虑到与公园相关的问题或任何其他委员会的有关事宜，可指定为本条的目的。

其二，每个内务委员会代表可能在提交修订后30日内，向众议院报告他不赞成的修正案，在这种情况下，应按照其程序向众议院提交一项同意报告的议案。

其三，如果在向国会、内务委员会提交修订案之后的31日已经结束，并且各自议院没有提出对本小点第二条不同意，对《加拿大国家公园法》附表1或《加拿大国家公园法》附表2的建议修订案就可能被通过。

其四，如果众议院、参议院通过对本小点第二条的同意报告，对《加拿大国家公园法》附表1或《加拿大国家公园法》附表2拟议的修订案就可能不被通过。

⑤公园管理

加拿大遗产部部长负责国家公园的行政、管理和经营，包括公园内公共土地的监督管理，并因为这个原因，部长可以使用和占用相应土地。

在公园管理的所有方面，部长应当首先考虑通过保护自然资源和自然过程以维护或恢复生态完整性。

除本法第三十五条里提到的协议的规定外，当地政府机构没有土地利用规划和公园社区发展方面的权利。

⑥相关协议要求

遗产部部长可以与联邦和省级部长及机构、地方和原住民政府机构、根据土地要求协议建立的机构以及其他个人和组织就执行本法的目的达成协议。

遗产部部长可以在以下方面订立协议：按照国家水力水电法，与公园内任何开发、经营和维护水力发电的个人，达成使用协议；与公园毗邻地区的有管辖权的地方和原住民政府，就从公园向毗邻地区供水问题达成协议（必须考虑到公园的传统供水）；与居住在公园土地上或毗邻地区的任何人（基于国内目的，或为公园游客提供服务的机构使用）就公园供水达成协议。

遗产部部长与省级部长及机构达成协议，可以授权使用公园内的公共土地。如果这些土地不再被作为授权使用，遗产部部长可以终止协议。

⑦**公园管理计划及审查计划**

在公园成立五年内，遗产部部长应该为公园准备一个管理计划，其内容包括：公园的长期生态愿景、生态完整性目标与指标的设定、资源保护与恢复的规定、功能分区、游客使用说明、公众意识和绩效评估，所有这些均需提交到每个国会议院。

遗产部部长应该至少每10年对每个公园的管理计划进行审查，并将计划的修改递交到每个国会议院。

⑧**公众参与**

遗产部部长应当在适当的时候，在国家、区域和地方层面，为公众参与提供机会，包括：原住民机构、依据土地要求协议建立的机构和公园社区代表参与公园政策和法规的建立，公园的建设、管理计划的制订，社区土地利用规划与开发以及遗产部部长考虑的任何其他相关事项。

⑨**公园地政**

除本法允许外，公园里的公共土地及其权利和利益不可出售，任何人也不得占有或使用公园里的公共土地。

⑩**公园护理员的任命**

遗产部部长可以在《加拿大国家公园管理局法》框架下，指定任命的人选，其职责包括：强制执行本法、为执行本法和加拿大任何部分的条例成为公园的管理员、维护和保持公园的治安，基于这些目的，公园护理员属于刑法意义上的治安官。

（2）《加拿大国家公园管理局法》

《加拿大国家公园管理局法》于1999年4月1日正式生效。该法从立法角度确定了管理国家公园事务的主要机构。主要内容包括：

①**机构的建立及部长的职责**

现建立一个被称为加拿大国家公园管理局（以下简称管理局）的法人团体，其只能作为加拿大女皇的代表行使权利和履行职责。

其一，遗产部部长（以下简称部长）对该管理局负责，并行使相关权利、义务与职责。其职责范围已经延伸到并包括了国会的管辖权，并且没有依据法律被指派给加拿大政府的任何其他部门、董事会或机构。主要涉及对国家具有重要自然或历史意义的地区，包括国家公园、国家海洋保护区、国家历史遗迹、历史运河、依据《历史遗迹和古迹法案》建立的历史博物馆以及萨格奈-圣劳伦斯海洋公园，老火车站、古灯塔、联邦古建筑、加拿大的历史区域、联邦古迹和加拿大古河流，以及主要涉及文物建筑的方案设计和实施。

其二，部长掌握该管理局的总体发展方向，但也要遵守部长应参照执行的任何一般或特殊方面的职责。

其三，尽管如本小点第二条所示，对于本法第十三条所提述的事项不予考虑。

②**管理局官员和雇员的职责**

其一，管理局服从部长的任何指示，在部长基于任何法案和规章授权、委托、指派或分配派遣的相关国家公园、国家历史遗址、国家海洋保护区、其他文化遗产保护区和遗产保护项目中，可以行使权利，履行义务和职责。

其二，被任命到管理局工作的官员或雇员，如果有足够的能力行使权利或履行义务和职责，可以行使本小点第一条中规定的任何权利，并执行相关义务或职责，但与此同时，应当遵从部长分配的任何一般或特殊指示。

其三，本小点第一条不包括如下情形：除了第一小点第一条中的相关规定，本法下部长的任何权利、职责或义务；在本法案及其他法案下做出规定的权利；或在《历史遗址和古迹法案》或《老火车站保护法》框架下的选派权及委派权。

在①和②部分中提到的部长的指示，不是为了法定文书法案的法定文件。

③**管理局的职责**

其一，管理局负责实施加拿大政府在国家公园、国家历史遗址、国家海洋保护区及其他遗产保护区和遗产保护项目相关方面的政策。

其二，管理局应该确保在建立国家公园、国家历史遗迹和国家海洋保护区方面，有长期计划。

其三，管理局负责与部长协商及向部长推荐建立新的国家公园、国家海洋保护区及其他遗产保护区和国家历史遗迹。

其四，管理局负责管理和执行附表第1部分列出的法案及根据这些法案指定的任何规章，以及附表第2部分中列出的规章。

④**法案的修改**

根据命令，总督可以添加或删除涉及国家公园、国家历史遗址、国家海洋保护区或其他遗产保护区域或遗产保护项目的任何国会法案或规章的目录或部分内容。

基于上述第③条第一点的目的，根据命令，总督可以依据与环境相关的国会法案或条例，添加或删除任何国会法案或规章的目录或部分内容。

⑤**管理局的权利**

在履行职责时，管理局可以：

其一，以加拿大女皇或其自己的名字，与加拿大政府的部门和机构、其他任何政府或其机构、任何个人或组织，签订合同、协议、知晓备忘录或其他约定。

其二，获得包括证券、礼物、遗赠或其他形式的捐赠等任何财产，前提条件是获得的财产可以被保存、给予、消耗、出售、交换或以其他方式处置。

其三，出售、交换、贷款或处置任何个人财产或由管理局获得、保留或管理的可移动财产。

其四，通过许可、转让或其他方式使得任何专利、版权、工业设计、商标、商业秘密或其他由管理局持有、控制或管理的类似产权可购买。

其五，通过发布、出售或其他方式传播研究论文、报告和管理机构的其他文件。

其六，做任何为促成管理局目的的必要（或附带的）事情。

⑥**首席执行官**

总督可以任命一个被称为首席执行官的职员，其任期不超过五年，这一期限也许会由于一个或多个更进一步的期限而更新。首席执行官的薪资应当由总督确定。

如果首席执行官缺席或不胜任或职位空缺，部长可以任命任何人行使首席执行官的权利、履行其义务和职责。但要是没有总督的批准，这一任命的任期不超过90天。

部长委派的首席执行官，可以控制和管理管理局及与其相关的所有事物，拥有部门副主管的身份和权利。经过部长的批准，首席执行官负责研制管理局职责范围内事物的指导原则和操作政策。在本法及其他相关法案、法规框架下，首席执行官可以赋予任何人有关首席执行官的任何权利、义务或职责。

首席执行官在以下方面拥有专属权利：（a）任命、解雇或终止对管理局员工的雇用。（b）建立管理员工的标准、规程和流程，包括除某种原因对员工的任命、解雇或终止雇用。《公共服务劳动关系法》中的任何内容，都不能影响首席执行官在处理上述（b）款中相关内容的权利或权威。（c）《金融管理法》中与管理局有关的内容不会生效，而且首席执行官可以确定管理局的组织并区分其在管理局中的位置；指定雇用的条款和条件，包括由于某种原因终止雇用雇工和对他们分配责任；规定其认为对有效管理管理局的人力资源必要的其他事项。

⑦财务规定

国会依据拨款法或国会其他法案里指定的决议方式不时地拨款，因为时间是法案里规定的，其目的是保障管理局的运转和资本支出，并以赠款和捐款的形式提供金融援助。上述条款里提及的国会法案为保障管理局运转而产生的任何拨款，没用完的资金在财政年度结束时将失效，在接下来的一年将重新拨款，或者再过一段时间后，法案里也许会详述这一事情。

现在加拿大账户里设立一个新账户，称之为新的公园和历史遗迹账户。基于下文里指定的目的，议会在拨款法和任何其他议会法案下的拨款将记入新的公园和历史遗迹账户；管理局的任何收入，包括从如下方面的获利，也将记入新的公园和历史遗迹账户。（a）部长基于管理局的目标对其管理下的有关联邦房地产和不动产的任何下列交易：任何权利或利益的永久出售或其他部署、将管理权转让给其他部长或代理公司、将管理和控制权永久地转让给女皇，而不是凭借加拿大的权利；（b）基于管理局的目的或下文里指定的任何目的而产生的赠品、遗赠或其他形式的捐赠。

尽管有其他任何议会法案，基于下列目的，新的公园和历史遗迹账户资金可以支付：基于《历史遗迹和古迹法案》第三（d）条的目的而获得任何历史区域、建立历史博物馆的土地，或由此而产生的利息；根据具体情况，为建立、扩大或指定任何尚未达到完整运营状态的国家公园、国家历史遗址、国家海洋保护区或其他保护遗产区域而获得任何房地产和不动产；开发或维护任何尚未达到完全运行状态的国家公园、国家历史遗址、国家海洋保护区或其他保护文化遗产保护区，并给予任何相关捐赠或其他付款；执行部长决定，推荐建立国家公园、国家历史遗址、国家海洋保护区、其他保护文化遗产保护区，或纪念《历史遗迹和古迹法案》第3部分提及的具有历史意义的地方，并给予任何相关捐赠或其他付款；偿还基于本法案第二十二（2）款而产生的借款。

　　⑧**报告和计划**

　　至少每五年，首席执行官应在向国会各议院提交国家公园、国家历史遗址、国家海洋保护区和其他保护遗产地和遗产保护项目现状，及该机构在履行本法案第6部分提到的职责方面的表现后，向部长提交一个相关报告。

　　除了与《加拿大国家公园法》和《加拿大国家海洋保护区法》的管理计划有关的职责外，在建立一个国家历史遗址或其他保护遗产区五年内，或在本节生效后的五年内，首席执行官要向部长提供一份有关那个国家历史遗址或其他保护遗产区的管理计划，内容涉及部长认为适当的任何事情，包括但不限于纪念性和生态完整性、资源保护或游客使用，并且该计划还要提交到国会各议院。

　　部长应该至少每十年复审一遍每个国家历史遗址或其他保护遗产区的管理计划，并结合每个议院提交的意见主持计划的修改。

　　首席执行官必须至少每五年指派一个其管理局成员或雇员之外的人或团体就其人力资源制度与政府人力资源管理含义和原则的一致性做一个报告，且上述报告应提供给公众。

（3）省立公园法——以安大略省为例

　　安大略省于1913年制定了省立公园法，1954年省政府在土地和森林部内设公园管理部门，同年对省立公园法进行了修改。后来，省立公园法及其条例在1994年、1996年又分别做了一定的修改，其主要内容包括：省立公园建立目的、建立程序、政策计划、公园管理、公众参与、公园条例及罚则等。

①省立公园建立目的

建立的目的是为公众健康、享用和教育，它鼓励开展游憩活动，但仅指健康的游憩活动；它关注教育功能，尤其户外教育。

②建立程序

内阁通过一份有关皇室拥有一片土地的规定即可，且内阁也有权利更改公园面积。

③政策计划

虽然本法没有规定需制订一份政策计划，但安大略省内阁已经通过了一份公园总体政策，将所有的省立公园划分为原野区、自然保护区、历史公园、自然环境公园、水路公园和游憩公园六类，每一类公园提供一种特定的户外游憩活动类型。这与省立公园法第五条的规定稍有不同：立法没有确定划分类别的目的，也没有规定如何划分及如何利用。

④公园管理

对省立公园的管理可自行斟酌，部长全权管理，不要求向任何人报告管理活动或管理计划。

⑤公众参与

部长可以指定成立专门的委员会，为公众提供咨询或收集公众意见。

⑥公园条例及罚则

部长有权制定有关省立公园内的各种管理条例，对违反本法的人，可处不超过1000加元的罚金。

四　加拿大国家公园的管理模式

1. 管理机制

（1）实施中央集权和地方自治相结合的管理模式

加拿大国家公园是由一个联邦政府、十个省政府、两个地区政府以及几个委员会和有关当局的管理保护区共同管理的，且联邦政府设立的国家公园和省立国家公园的管理体制不同，是典型的中央集权和地方自治相结合的管理模式。

联邦政府设立的国家级国家公园实行垂直管理体制，国家公园的一切事物均由联邦遗产部国家公园管理局负责，与国家公园所在地没有任何关系。其高级决策机构是国家公园管理局执行委员会，它由公园管理局执行总裁、4位处级主任、行政事务总干事、魁北克省及山区公园执行主任、生态完整性执行主任、人力资源办公室主任、高级财政官、通讯联络办公室主任和高级法律顾问等人组成，为国家公园管理局确定长期发展的战略方向和近期的优先发展目标，每年也批准国家办公室、现场管理区以及服务中心在商务发展计划中的资源分配、新政策提案和创新服务项目。

在人力资源管理、行政管理和财务管理方面，加拿大国家公园管理局享有很大的自主权，包括：①享有独立的雇佣者地位，能自我设计人力资源管理的政策框架，从而能保障雇用适合于公园管理特殊业务要求的职员；②能够全额保留公园收入，并用做再投资，这样有利于健全财务体制；③拥有两年期的滚动预算体制，有利于推动公共资金的投入和允许超前开支；④享有一个保值账号，能在财力上支持新建国家公园、国家历史遗迹和国家海洋保护区；⑤在继续向部长和国会负责的情况下，公园管理局可以接受新的投资项目，并拥有合同权和处理不动产的权利。

为了管理好全国范围内的每一个国家公园，国家公园管理局在加拿大境内还设立有32个现场工作区域（fieldunits），负责各种政策项目的运转，包括为游客提供现场服务。现场工作区域主任对公园管理局执行总裁负责，要准备年度商务计划和商务报告；也要向加拿大东部管理处或西部与北部管理处主任汇报工作。此外，国家公园管理局还在全国设立了4个服务中心，即哈利法克斯服务中心（哈利法克斯）、魁北克服务中心（魁北克城）、安大略服务中心（康沃尔和渥太华）和温尼伯服务中心（温尼伯），并同时在卡尔加里和温哥华设有小规模的办公机构，在生态学和历史学等专业学科领域为国家公园管理局提供专业技术支撑。4个中心还需向加拿大东部管理处或西部与北部管理处主任汇报工作，并要为公园管理局执行总裁准备年度商务计划。

除国家级国家公园外，加拿大省立国家公园由各省政府自己管理，其管理机构并不接受联邦国家公园管理局的指导，也不接受其管理，且各省的管理机构名称也不一样，如安大略省隶属自然资源部管理，艾伯塔省隶属环境部管理，而不列颠哥伦比亚省隶属环境土地公园部管理。

（2）实施分区管理制度

分区制是加拿大国家公园规划、发展及管理方面最重要的手段之一，即将国家公园范围内的陆地和水域按其需要保护的情况和可对游人开放的条件，以资源状况为基础来划分成不同区域。为了保护和利用的双重目的，加拿大国家公园通常划分成特别保护区、原野区、自然环境区、户外游憩区、公园服务区5个区，各区域的特点及管理要求如表2-3所示。

表2-3　加拿大国家公园分区管理制度

区域	区域特点
特别保护区	具有独特的、受到威胁的或濒危的自然或文化特征或含有能代表本自然区域特征的最有典型的例证。对于该区域，首要考虑的是保护，不允许建设机动车通道和环线，禁止任何公众进入，同时要努力提供适当的、与场所隔离的节目和展览使游客了解该区的特点
原野区	该区以原始自然景观为代表，目标是持续坚持原始自然状况，为野生生物供给运动场合。其突出特点是天然性，应当原封不动地进行保护，但是可以有计划地建设一些人行小道和宿营地，有控制地进行一些考察和远足活动
自然环境区	该区具有典型的自然景观，可以向游人提供户外娱乐活动、必需的少量服务和简朴自然的设施，使其有机会体验公园的自然和文化遗产价值，但仍要求保护这些地区的自然原貌，禁止机动车辆进入
户外游憩区	这一区域允许机动车辆进入，旅游、娱乐设施齐全，可为游人提供广泛的机会来了解、欣赏和享受公园的遗产价值，但要尽量将对公园生态完整性的影响控制到最小的范围和程度
公园服务区	该区是游客服务和支持设施集中分布区，公园主要的运行和管理功能也安排在此区中

（3）重视公众参与公园管理

由于一些国家公园与原住民的保留地重合，加拿大国家公园非常重视原住民在公园管理中的作用，注重发挥其积极性，并为他们参与国家公园的巡视工作等提供机会。国家公园行动计划也明确规定必须给公众提供机会，使他们有机会参与公园政策、管理规划等相关事宜。当前，加拿大在国家公园管理中，公众的意见在系统计划、计划目标拟订、交替方案拟订、经营管理计划拟订等过程中均被列为重要的参考资料，且公众对自然文化景观和环境保护的意愿也被充分考虑，真正做到了以人为本，使公众全面参与国家公园规划设计的每一层面。

 链接3

加拿大国家公园的规划机制

加拿大国家公园规划原则上分三大步骤，即：资料收集、分析评估、综合替代性方案。加拿大原野地经营管理策略研究中心对国家公园规划提出了更为详细的11个步骤（图2-2）。其中方案拟定具有国家公园系统计划、协同计划与区域计划三项说明，表示国家公园因不同的资源性质、发展背景、地理区位可分类为国家公园、国家历史公园、游憩与保育指定区，在规划方案参考资料收集这一步骤，该研究中心提出一份规划人员应参考、研究的目录，以控制整个规划的进行。

在整个规划作业程序中，具有五个层级产物，由上而下依次是：系统计划方案→国家公园管理计划→分区计划→设施计划→活动计划。但由于国家公园规划属长期性发展计划，在主要计划——国家公园管理计划完成之后，再依资源价值逐步进行以下的具体发展计划。

与其他国家相比，加拿大国家公园规划具有重视公众参与和环境影响评估两大特点。公众参与的意见在系统计划、计划目标拟定、交替方案拟定、经营管理计划拟定等过程中均被列为重要的参考资料。环境影响评估在进行替代性方案研究时随即展开，贯穿以后的每个过程。

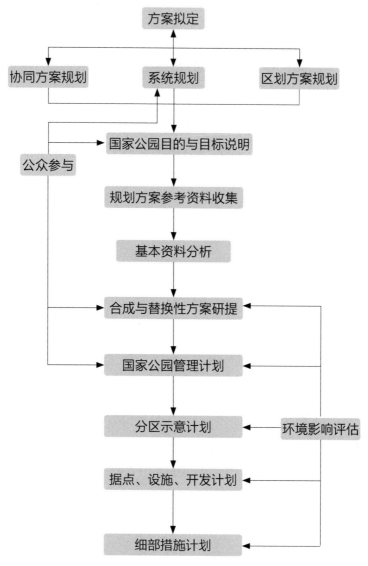

图2-2　加拿大国家公园规划作业程序图

2. 资金机制

加拿大国家公园的资金机制主要来源于如下几方面：

其一，国家财政拨款。加拿大将国家公园建设作为一项社会公益事业，政府每年投入大量资金支持其发展，如，2006-2007年财政年度，国家向国家公园管理局投入经费约6亿加元。加拿大政府的资金支持不但体现在国家公园建设和维护方面的投入，还有很重要的一部分体现在对教育、技术研究的投入，以供国家公园内的自然资源可持续利用。同时，加拿大政府还特设林业科研基金，联邦政府提供30%的资金，省政府提供25%的资金，用于林业可持续发展，也对推进国家公园建设产生了重要积极意义。

其二，旅游收入。国家公园是加拿大国民旅游的重要场所，其旅游业发展也为政府和当地居民创造了经济利益，以班夫国家公园为例，1995年，其游客的花费为7.09亿加元，为各级政府创造了2.29亿加元的税收。

其三，其他收入。包括租金和特许经营费、其他运营收入、职工缴纳的房租、地方支持费用及处理财产、植物和设备所得的净收入等。

3. 经营机制

在经营机制上，加拿大国家公园的管理具有如下特点：

（1）实行收支两条线的经营模式

加拿大国家公园的经营实行收支两条线，其收入主要来源于门票、休闲设施使用费、租金和特许经营费、其他运营收入、职工缴纳的房租、地方支持费用及处理财产、植物和设备所得的净收入，支出主要包括工资和职工福利、分期摊销、专业和特殊服务、水电等基本支出、交通和交流、租用支出、免费住宿、税收支出、修理和维护、捐款、信息支出、环境卫生支出、其他支出、处理财产、植物和设备所得的净损失等，收支缺口相当大，因而每年得到的联邦政府的资助较大。且由于支出方面主要用于以国民福利形式提供的旅游服务，因而公园一般不收门票或按游人所乘车辆车型收取少量门票，对老年人、残疾人及中小学生还实行特别优惠。

（2）强化保持生态完整性

加拿大强化保持国家公园的生态完整性，其法律禁止在国家公园内进行诸如采矿、林业、石油天然气和水电开发、以娱乐为目的狩猎等各种形式的资源开采，1994年出台的"指导原则和操作政策"也明确把旅游活动放到一个次要的位置，要求游憩利用必须在维护生态完整性的基础上进行。同时，为了保持生态完整性，对火灾和病虫害也只有在下列情况出现时才进行干预：对周围土地有严重的负面后果、公众的健康和安全受到威胁、主要的公园设施受到威胁、自然过程受到人为改变而需要恢复自然平衡、濒危物种的继续生存受到病虫害的威胁、自然力量不能维持预计的动物种群增长和植物群落演替过程以及主要的自然控制过程缺失。

 链接4 ·····

加拿大班夫国家公园自然生态保护体制

班夫国家公园（Banff National Park）是加拿大第一个也是世界第三个国家公园，创立于1885年，面积达6641km²。

保护自然资源是班夫国家公园的首要目标。1964年，一项政策声明颁布，在1930年的法律之外重申了环境保护。1972年申请冬季奥运会主办权引发的争议，使环境保护组织的影响力加大，最终加拿大国家公园管理局放弃支持申办。1988年，修订后的国家公园法将生态环境的保护放在第一优先级。修订法还规定了非政府组织在法庭上挑战加拿大国家公园管理局流程。1994年，加拿大国家公园管理局指定班夫弓河研究所起草新的公园运行政策。与其他国家公园一样，班夫国家公园被要求制订公园管理计划。在省级范围内，公园所辖地区作为9号改良区受艾伯塔省行政议会管理。具体管理方法包括：

①对于人类活动所及的区域，主要是要把人对环境的冲击减至最小；

②严格限制班夫城常驻居民数量的增长；

③公园区域内禁止扩建新的酒店，以保持接待能力不足的状态；

④旅游公司和酒店经营者被要求不断提高自身"软、硬件"的环保高科技含量；

⑤游人应尽可能与动植物和谐相处。

链接5 ·····

加拿大国家公园允许的户外游憩活动

表2-4　加拿大国家公园允许的户外游憩活动一览表

一般性活动		向导性活动
（1）背包运动 　—临时性的 　—远征性的 （2）划船 　—白天机船 　—观光划船 　—特别的游憩 （3）野营 　—原始简单的 　—有服务的 　—团体的 （4）划独木舟 　—白天划独木舟/划小皮艇 　—旅行 　—海岸小叶舟（两头尖形的舟） （5）爬山 　—登山运动 　—技术性爬山 　—攀登 （6）骑自行车 　—白天骑自行车 　—沿路观光 　—小路骑车 （7）遛狗 （8）野外运动（全部） （9）钓鱼 （10）打高尔夫球运动 （11）欣赏遗产 　—艺术活动 　—观鸟 　—照相 　—观光/体验遗产资源	—野生生物保护 （12）徒步旅行/散步 （13）骑马 （14）滑冰 （15）划小皮艇 （16）爬山运动（见爬山） （17）辨认方向 （18）野餐 （19）游乐场 （20）开车兜风 （21）乘木筏 （22）冲浪运动 （23）跑步/徒步比赛 （24）漂流 　—白天漂流 　—乘船航行 （25）滑雪 　—山下滑雪 　—越野滑雪 （26）潜水 　—带水肺潜水 　—带通气管潜水 （27）滑雪橇/乘雪车 （28）电动滑雪 （29）冰鞋滑雪 （30）特别事项 　—被动的听众 　—主动参与的听众 （31）冲浪 （32）游泳 （33）滑水（见划船）	（1）骑自行车游览 （2）乘船游览 　—观光 　—划木筏 　划舟/划小皮艇 （3）乘车游览（也包括冻原地汽车游览） （4）爬山/爬山运动 （5）遛狗观光 （6）钓鱼 （7）遗产欣赏 　—徒步旅行/散步观光 　—观鸟 　—艺术、摄影等 　—观看野生生物 （8）骑马观光 （9）滑雪观光

第三章

德国国家
公园体制

一　德国国家公园的发展历程与现状

1. 德国国家公园的发展历程

德国国家公园成立时间较晚，直到1970年，才设立了第一个国家公园——巴伐利亚森林国家公园。这主要是由于与其丰富的文化遗产相比，德国对自然遗产的保护重视不足，经验也欠缺，经过很长一段时间，德国人才慢慢了解到自然遗产保护的同等重要性，认识到自然遗产的价值同样需要得到珍视。

二战后，德国经济快速复苏，以重工业和制造业为主的经济虽然给人民带来了收入，但也给德国的地表水源、河流和空气带来了严重污染。到20世纪60~70年代，现代工业和交通事业迅速发展，环境污染日趋严重，引发严重的生态危机，保护环境的呼声因之日渐高涨，并引起了全社会的普遍关注。在此背景下，为强化自然生态环境保护，1970年德国设立巴伐利亚森林国家公园，作为德国第一个国家公园，巴伐利亚森林国家公园受到特殊的保护。在这里，对自然景观的保护永远是第一位的。

此后，尤其是20世纪90年代以来，随着可持续发展理念的逐步深入人心和人们对自然保护认识的不断深入，特别是在欧盟动植物区系栖息地方针的指导下，联邦政府强化国家公园等自然保护区域建设，将其作为国家环境保护重点领域之一，国家公园数量明显增加。在这个过程中，德国不仅致力于各州之间重要生态区的联合，实现保护区之间遗传基因的交换，而且越来越把目光投向更大的"面"上，力求通过自然化措施恢复已经被破坏的地区，生态保护取得明显成效。

2. 德国国家公园的发展现状

自1970年德国设立第一个国家公园至今，德国的国家公园已发展到15个，总面积超过15000km²，超过德国总面积的4%，其中大部分位于共和国的北部地区（表3-1）。所有这些国家公园都以其独特的自然风光而为人称道，代表着德国主要的景观，同时也起着保护珍稀动植物、维护自然种群的作用。

　　分析德国的国家公园建设现状，具有以下几个特征：第一，国家公园发展迅速。20世纪90年代前，德国仅有4个国家公园，到目前，这一数量发展到15个，发展迅速。第二，面积基本处于50～300km²。全国自然保护区面积大于300km²的仅有5个，小于50km²的仅为1个，大部分国家公园面积均处于100～300km²。第三，区域差异较大。德国国家公园大部分位于共和国的北部地区，其中梅克伦堡-前波美尼亚州3个，总体上南部地区国家公园数量较少。第四，德国国家公园在面积上的差异较大。全国最大的国家公园——黑森林国家公园面积达6000km²，而最小的国家公园——亚斯蒙德国家公园面积只有30km²大小，两者相差甚大。

表3-1　德国国家公园一览表

公园名称（中文名）	公园名称（英文名）	面积（km²）	所在地区	成立时间（年）
巴伐利亚森林国家公园	National Park Bayerischer Wald	242	巴伐利亚州	1970
贝希特斯加登国家公园	National Park Berchtesgaden	210	巴伐利亚州	1978
石勒苏益格-荷尔斯泰因瓦登海国家公园	Schleswig-Holstein Wadden Sea National Park	4410	石勒苏益格-荷尔斯泰因州	1985
下萨克森北海浅滩国家公园	National Park Niederschsisches Wattenmeer	2400	下萨克森州	1986
西波美拉尼亚潟湖地区国家公园	Western Pomerania Lagoon Area National Park	805	梅克伦堡-前波美尼亚州	1990
萨克森瑞士国家公园	National Park Schsische Schweiz	93.5	萨克森州	1990
米利茨国家公园	Müritz National Park	322	梅克伦堡-前波美尼亚州	1990

（续）

公园名称 （中文名）	公园名称（英文名）	面积 （km²）	所在地区	成立时间 （年）
亚斯蒙德国家公园	National Park Jasmund	30	梅克伦堡-前波美尼亚州	1990
汉堡瓦登海国家公园	National Park Hamburgisches Wattenmeer	137.5	汉堡州	1990
下奥得河河谷国家公园	Lower Oder Valley National Park	104	勃兰登堡州	1995
海尼希国家公园	National Park Hainich	75	图林根州	1997
科勒瓦爱德森国家公园	Kellerwald-Edersee National Park	57.4	黑森州	2004
艾弗尔国家公园	National Park Eifel	107	北莱茵—威斯特法伦州	2004
哈尔茨国家公园	National Park Harz	247	下萨克森州、萨克森—安哈尔特州	2006
黑森林国家公园	Black Forest National Park	6000	巴登—符滕堡州	2014

二 德国国家公园的概念和选定标准

1. 德国国家公园的概念

德国《联邦自然保护法》规定，国家公园是一种具有法律约束力的面积相对较大而又具有独特性质的自然保护区。作为国家公园一般具有三个性质：

其一，国家公园的大部分区域满足自然保护区的前提条件；

其二，国家公园不受或很少受到人类的影响；

其三，国家公园的主要保护目标是维护自然生态演替过程，最大限度地保护物种丰富的地方动植物生存环境。

国家公园可供人们休养、教育、科学研究以及感受原始自然过程等。在国家公园内有关文化历史场所或土地利用仅在特殊情况下在限定的区域内存在。

德国国家公园的功能主要为：①维持自然的生态演替过程，最大程度地保护物种的多样性；②保护区域独特的特征和优美的风景；③在不影响环境保护的前提下，为国民提供在区域内进行科学研究、科普教育、游览和休养的机会。

2. 德国国家公园的选定标准

根据《联邦自然保护法》，在法律上国家公园区域的指定基于以下规定：

一是区域的资源具有特殊性；

二是区域的大部分符合自然保护区的相关规范；

三是区域受人类影响较少，适合被划为自然保护区。

三　德国国家公园的法律体系

1. 德国国家公园的法律体系介绍

德国政府从20世纪70年代开始就着手进行环境立法工作，逐渐形成了一套完整的环境保护法律法规系统，目前全德国联邦和各州的环境法律、法规达8000多部。就国家公园而言，德国国家公园的法律体系形成了联邦政府和州政府两级法律体系，也较为完善。

在国家层面，联邦政府负责国家公园的统一立法，有关国家公园管理的最重要的法律是1976年颁布实施的《联邦自然保护法》，为各州管理国家公园制定了框架性规定。此外，联邦政府还出台了《联邦森林法》、《联邦环境保护法》、《联邦狩猎法》、《联邦土壤保护法》等诸多相关法律，为国家公园的管理提供了坚实的保障体系。

在各州层面，依据《联邦自然保护法》，各州根据自己的实际情况制定了自然保护方面的专门法律，即"一区一法"。比如，巴伐利亚州在1973年制定了德国第一部有关国家公园建设和管理的法律——《巴伐利亚州自然保护法》；又比如，黑森林州为有效保护和管理科勒瓦爱德森国家公园，在2003年制定了《科勒瓦爱德森国家公园法令》等等。且每个州的国家公园法律都对各自国家公园的性质、功能、建立目的、管理机构、管理规模等有着具体的说明，比如《科勒瓦爱德森国家公园法令》明确指出国家公园的主要功能是：①开展公众教育，提高公众自然保护意识；②保护欧洲历史最悠久、面积最大、保存最为完整的榉树林生态系统和野生动物栖息地，以及维护生态系统的自然演替过程；③为科研活动提供场所。《巴伐利亚州自然保护法》规定其建立目的是：①保护整个地区的生态环境；②保护处于自然状态和接近自然状态的生物；③在不影响环保目的的前提下，对当地居民进行宣传教育，开发旅游和疗养业；④国家公园不以盈利为目的。

2. 德国国家公园核心法规辑要

（1）《联邦自然保护法》辑要

全称为《联邦自然保护和景观规划法》，1976年颁布实施，2002年最后修改。其主要内容涵盖自然保护和景观管理的宗旨、原则、当局的职责、公有地管理、合同协定、容忍义务、景观规划等，具体如下：

①自然保护和景观管理的宗旨

鉴于其自身价值，并作为人类生命之所附，同时虑及我们对于未来世代人的责任，人类居住区域内外的环境均应受到保存、维护、开发，必要时予以恢复，以保障如下价值能予以持续：其一，生态系统及其服务的机能；其二，自然资源的再生能力及其对人类利用的可持续性；其三，动植物及其自然环境；其四，自然和景观的多样、特色和优美及其对人类休闲的内在价值。

②自然保护和景观管理的原则

实现自然保护和景观管理的宗旨尤应以下列原则为基础，在此范围内，涉及个案时，有必要衡量他人或其他团体基于本法第一条之宗旨与目标而生的关于环境与景观的所有要求。

其一，在分隔的空间内，生态系统的生物学功能、材料和能量的流动性应受到保障，景观的特色应受到保护、开发和恢复。

其二，不可再生自然资源应以理性与可持续的方式利用。可再生自然资源应受到特别关注，必须保障未来世代人亦能持续的利用。

其三，保护土壤资源在生态系统中的功能。保护自然植被、封闭的自然植被覆盖以及沿海植被。在非用于农业、造林和园艺的土地植被被移除后，应开发经过适当调整的场地种植特定的植被，禁止侵蚀土壤。

其四，保护、开发和修复自然、近自然、半自然的河流及其沿岸地带、自然蓄洪区。避免可能导致受保护的群落生境破坏或持续损害的现行地下水位的变化；采取合理措施补偿不可避免的损害。任何水利工程和开发措施均应最大限度地保护自然状况。

其五，通过自然保护和景观管理使不利环境影响最小化；禁止对生态系统的易损部分进行持续损害。

其六，防止对气候的不利影响。开发可持续的能源供应，尤其是增加可再生能源的利用。努力通过自然保护和景观管理措施促进气候状况包括地方气候的保护和改善。保护、开发和修复有利于气候改善和地方大气交换的森林和其他区域。

其七，防止探矿、采矿、开掘和倾倒对生态系统的持续损害或对有价值的景观造成破坏。对环境和景观不可避免的损害应予以补偿，或通过鼓励自然演替以及通过修复到更自然的状态、半自然景观美化、恢复、土地复垦或复植予以缓和。

其八，为保障生态系统及其服务的机能，生物多样性应予保护。生物多样性包括栖息地和生物群落的多样性，也包括物种和遗传的多样性。

其九，保护野生动植物包括其作为生态系统组成部分的生物群落的自然和历史进化的多样性。其群落环境、生命支撑及生活环境应予以保护、管理、开发或修复。

其十，在人类居住区域内存在的诸如森林枯落物、灌木篱墙、木梁和其他交错群落、河流小溪、池塘及其他生态意义稍小的景观构成亦应予以保护和开发。

其十一，保护非建设区域对于生态系统和休闲的价值，保障其属性和功能满足其目的。无需再开发的划定区域应恢复到自然状态，不可能开发或过于昂贵者应使之自然演替。

其十二，固定工厂、设施、交通、电路和类似项目在规划阶段时应考量其对自然景观结构及其特色的影响。交通、电路和类似项目建设应使自然景观的分割和损害最小化。

其十三，鉴于景观对人类基本经验和休闲的意义，其多样、特色与优美亦应予以保护。维护和开发景观的特色结构与元素，防止涉及人类基本经验、休闲的景观价值受到损害。保护合理布置的休闲区域，必要时予以经营、合理布局和维护，使其容易接近。人类居住区附近应提供足够的休闲区域。上述"休闲"也包括与自然与景观相容的户外休闲运动。

其十四，保护历史文化景观及其富有特色的组成部分，包括已纳入保护和值得保护的有特色和优美的文化、建筑和纪念碑。

其十五，采取适当措施推动对自然保护和景观管理任务和目标的认识和理解。在此过程中应与相关及感兴趣的公众及时交流信息。

③目标和原则的遵守

自然人和法人均应尽最大义务履行自然保护和景观管理的目标和原则，除不可避免情形外，应避免使自然和景观受到损害。

④当局的职责

自然保护和景观管理主管机关负责本法以及属于本法框架和以本法为基础的法律条款的实施，法律另有规定的除外。

联邦行政机关应在其各自责任范围支持自然保护和景观管理目标和原则的实施，其在涉及或可能对自然保护和景观管理利益产生影响的公共规划或措施的筹备阶段即应通知自然保护和景观管理主管机关，并由主管机关优先处理。

联邦应制定相应的法律，同时应规范其他行政机关参与自然保护和景观管理主管机关的规划框架和措施。此外，联邦应制定规则要求教育、培训及信息媒体告知其受众自然与景观的意义和自然保护的任务，唤起其对自然和景观保护的责任意识，并促进对于我们的自然审慎而负责的处置。

⑤公有地管理

在管理公共所有或占有的土地时，应特别注意自然保护和景观管理的目标和原则。具有特殊保护价值的土地的变更不得对其生态质量和特征造成有害影响。前两项之规定不排除为公共利益的特定目的予以实施。

⑥合同协定

联邦立法应确保在施行本法规定条款前，审查这些目标是否也能通过合同或协定方式实现。前项规定不影响主管机关依本法所定的其他职责。

⑦容忍义务

以本法为基础或属于本法框架的自然保护和景观管理措施对相关土地利用做出了合理限制时，土地所有权人和使用权人具有容忍义务。同时，联邦可以制定更严格和更广泛的规则和制度。

⑧景观规划

地方有关自然保护和景观管理的要求和措施应在涉及整个联邦范围的、以景观计划和景观总体规划为基础的景观规划中具体列出。当景观面临或可能发生重大变化时，景观规划应予以更新。同时应符合空间规划目标，并考虑空间规划的原则和目标。

州政府有责任保障景观规划的约束力，尤其是涉及市政发展规划时，州政府可以规定景观规划的内容包含于建筑总体规划之中，以描述或规定具体特征或要求。州政府还可以规定，如果某些地区的优势利用符合自然保护和景观管理的目标和原则，且已为相关规划立法所保障和创设，这些地区可以免于编制景观规划。

如果柏林、不来梅和汉堡等州自然保护和景观管理的要求和措施在景观计划或景观总体规划中列出，应视为景观规划的替代。

（2）《联邦森林法》辑要

该法案于1975年制定，最后于1998年修订，其主要内容包括立法目的、森林保护、森林经营、林业联合组织、促进林业经济发展及通报的义务等，其中与国家公园相关的内容包括：

①法律目的

这一法律的目的主要是：（a）鉴于森林的经济利用功能和森林对环境，

特别是对自然环境的持续维持作用，对保护气候、涵养水源、净化空气、增加土壤肥力、美化景观、改善农业结构和基础设施以及对人们休养和游憩的作用，需要对森林进行保护，在需要的情况下扩大森林面积并保证森林正常的持续经营。（b）促进林业经济发展。（c）寻求公众利益和森林所有者需求之间的平衡。

②森林框架规划的任务和原则

其一，本法意义上的森林框架规划有利于规范和改善森林结构，其目的是根据本法第一条第一款的要求，保障对生活和经济来说是必不可少的森林功能。

其二，在制定森林框架规划时，一定要重视框架规划和州规划的目标。

其三，下列原则特别适应于制定森林框架规划：（a）要根据森林的面积和区域分布来保护和扩大森林，使森林尽可能对自然应有的状态和物质生产能力产生好的影响，有利于避免自然或人为造成的危险，并尽可能地使居民有休养和游憩的好去处。同时还要尽可能地考虑到自然特殊条件和与联邦地区接壤的地区内的经济和社会要求。（b）营建森林时，一定要保证森林的功能在符合实际要求的情况下持续地起作用。（c）在合适的地块上，如果没有其他优先于生产木材的经营目标时，就应该在保持和改善土壤肥力的前提条件下，努力达到持续的、高质量和高数量的木材生产。（d）在森林保护和休养游憩功能尤为重要的地区，在考虑到经济利益的情况下，要合理安排森林的区域规模和分布，加强森林的保护和休养作用。要规定和设置合适休闲和游憩的场地、设备和装置，以及采取其他有利于休养游憩的特殊措施。（e）要在入不敷出的农业用地、休养地和荒地上植树造林，如果植树造林在经济上和农业结构上是正确的并能改善自然条件的话。在森林比例很高的地区，要使足够的面积不进行植树造林。（f）在土地面积很小或不同所有者的土地的群落位置不适合合理利用森林土地的情况下，如果有必要使这些地块整合在一起，应该建立森林经济联合体。

③森林的保护

其一，只有在州法规定的政府机构的同意下，才能开垦森林或者把森林转化成另一种利用方式（转变土地利益类型）。在对一个转变申请进行批准的时候，必须要考虑到森林所有者的权利、义务和经济利益以及公众利益。如果保持一个特定的森林地段对公众利益有非常大的影响，特别是如果森林具有保护自然特殊性的功能，或对林业经济或居民的休养游憩具有决定地位时，就不能批准转变土地利用类型的申请。

其二，也可以批准在某一段时间内可以进行森林的转变，但要通过附加规定来保证，土地在适当的时期内要按规定重新植树造林而恢复森林。

其三，各州可以决定转变土地利用类型的情况：如果其他的法律规定了在这块森林面积上可以实行其他的利用方式，森林的转变不需要第一条中规定的政府机构的同意；森林的转变要服从其他的限制，特别是保护林和休养林不能改变其功能。

④保护林

其一，如果为了抵御或避免给公众带来的危险、不利情况以及麻烦，有必要采取森林措施或不采取森林措施，森林可以被确定为保护林。确定森林为保护林主要是考虑到根据1974年3月15日颁布的《联邦环境保护法》对环境有害的影响、水和风造成的水土流失、干枯、雨水和雪崩造成的有害径流。这里不涉及《联邦公路法》第十条和《水法》第十九条第一款。

其二，如果根据州法的规定，这款林地已经具有保护功能，就不需要根据"其一"把森林确定为保护林。

其三，在保护林中进行皆伐或从效果来看与皆伐一样的采伐，需要州法规定的政府机构的批准。批准的时候，政府机构可以提出额外要求，如果出于森林的保护作用必须这么做的话。

其四，各州可以对此做出详细的规定。可以通过其他的规定使森林所有者有义务在保护林中不能采取某些措施或者必须采取某些措施。

⑤休养游憩林

其一，如果为了公众的健康有必要出于休养和游憩的目的保护森林或改造森林，可以将森林确定为休养林。

其二，各州可以对此做出详细的规定。特别可以颁布有关下列内容的规定：根据森林的种类和规模对森林进行经营；限制狩猎，以保护森林中的旅游者；森林所有者有义务修建和维护林中道路、长凳、保护屋和其他的设备和装置，并允许拆除扰乱来访者的装备；保护森林来访者。

⑥进入森林

其一，允许出于游憩休养目的的人进入森林。在森林里，只允许在道路和小路上骑自行车，使用病人用的轮椅和骑马。这些人必须自己承担风险。

其二，各州可以对此做出详细的规定。出于重要原因，特别是为了保护森林、森林经营、野生动物保护，为了保护看管野生动物的工作人员，避免出现巨大损失或者为了保护森林所有者值得保护的利益，各州可以提出限制入林的规定，并把其他的利用森林方式的做法全部或部分地与进入森林同等对待。

四 德国国家公园的管理模式

1. 管理机制

（1）实行地方自治型管理模式

德国国家公园的管理属于地方自治型，按德国宪法有关规定，自然保护工作由联邦政府与州政府共同负责开展，但联邦政府仅为开展此项工作制定宏观政策、框架性规定和相关法规，州政府决定自然保护工作的具体开展和执行，公园的建立、管理机构的设置、管理目标的制定等一系列事务都由地区或州政府决定。有鉴于此，在德国，州政府拥有国家公园最高管理权，其国家公园管理机构分为三级，一级机构为州立环境部；二级机构为地区国家公园管理办事处；三级机构为县（市）国家公园管理办公室。它们都属于政府机构，分别隶属于各州（县、市）议会，并在州或县（市）政府的直接领导下，依据国家的有关法规，自主地进行国家公园的管理与经营活动。其中，国家公园管理办事处的职责有：第一，提出并制订国家公园的规划和年度计划；第二，经营并管理国家公园及其设施；第三，保护、养护国家公园内的动植物，执行推广保护措施；第四，鼓励并参与有关科学考察和科学研究；第五，对公众进行宣传教育；第六，管理旅游和疗养业。

德国国家公园虽然实行地方自治管理，但是各州之间、各州与联邦政府之间、政府机构与非政府机构之间联系密切，它们共同探讨国家公园的管理问题，建立了有关国家公园管理的统一规范和标准。在进行国家公园具体建设时，各州会联合联邦土地规划、建筑及城市建设部和联邦环境、自然保护及核安全部共同完成，其他参与管理的政府和非政府机构还包括联邦农业、食品和森林部、州立陆地开发和环境事务部、林业和自然保护部以及非政府组织欧洲公园联盟德国分部等。

（2）采取分区管理方式

德国不同的国家公园的分区管理方式不同，但是一般来讲，其国家公园大体可以分为三个区，即核心区、限制利用区和外围防护区，各区的管理要求如表3-2所示。

表3-2　德国国家公园分区管理要求

区域名称	管理要求
核心区	面积一般占到整个国家公园面积的75%，区域内实施严格的自然保护，除道路外，不允许任何的开发和利用，且道路为自然道路，没有公路、缆车等人工交通系统
限制利用区	有人工设施和较大规模的人类集中活动区域
外围防护区	面积很小，设置有保护生物群落结构的防护设施

（3）重视森林资源保护

德国国家公园强化森林资源保护，为保护公园内的森林资源，德国采取了"近自然林业"的可持续经营方式，认为天然林是"近自然林业"的样板，而划定国家公园等自然保护区是德国保护天然林的重要手段。同时，对国家公园内的野生动物资源，德国也会通过狩猎等积极干预手段，控制种群数量过度增长，以避免物种种群数量超过栖息地生态承载力，影响森林生态系统的自然演替。

链接6

德国科勒瓦爱德森国家公园管理机制

科勒瓦爱德森国家公园建立于2004年，为德国第14个国家公园，总面积为5740hm²，主要目的是保护欧洲最老、面积最大、受人为影响最少的榉树林生态系统。

在行政管理上，科勒瓦爱德森国家公园的管理具有现代化企业的特点，以效率为首，兼顾人性化管理，注意调动工作人员的主动性和积极性。其国家公园管理机构设有主管和助理主管各1名，行政管理部、发展管理部、自然保护和科研部、公共关系和游憩宣教部4个部门。主管、助理主管和4个部门部长组成6人管理委员会，于每周一上午9点召开例会，商议公园近期要处理的要事和大事，以及需多部门商议解决的事情。国家公园每个工作人员有详细的日工作时间，上班时间具有一定的弹性。

在自然保护管理上，科勒瓦爱德森国家公园强化科学技术的应用。如，为保护生态系统，国家公园自然保护与科研部采用地理系统软件建立了公园生态系统地图，结合州林科院提供的森林作业图，用于生态系统管理。

在公众游憩和环境教育管理上，公园将公众游憩和环境教育视为最重要的工作之一，近一半的员工直接参与此项工作。公共关系和游憩宣教部每月通过媒体告知公众公园组织的游憩活动，诸如由护林员带领的夜间步行活动，公众可通过网络或电话方式报名参加。同时，前来游憩的游客可以在信息中心免费参观野生动植物标本，了解野生动植物和生态系统知识。此外，针对学生团体，护林员还会通过游戏、讲解等方式，让学生通过听、看、闻、摸等多种途径全方面了解自然保护知识。

摘选自：谢屹，等. 德国国家公园建立和管理工作探析——以黑森州科勒瓦爱德森国家公园为例. 世界林业研究，2008年第一期。

2. 资金机制

德国国家公园的资金来源主要包括如下几方面：

一是州政府。德国国家公园资金的主要来源渠道为州政府，其运营开支被纳入到州公共财政进行统一安排，主要用于国家公园的设施建设和其他保护管理事务。在具体建设项目的拨款安排上，园外交通（也包括部分园内的主要汽车道）、供水、电力等基础设施由相关主管部门按照公园的建设规划实施；园内汽车道、自行车道、步行道、停车场、标志牌等交通设施以及博物馆、展览室、信息室等科普设施，还有其他相应的一些设施则由公园按规划设计，通过上级林业部门审定后，由州财政安排拨款建设；公园建成或开园后，每年由州财政根据公园保护管理的需要，下拨一定数额的经费，用于工作人员工资费用开支和一些建设保护项目的支出。

二是社会公众捐助。受赠所获的资金主要用于国家公园开展公众教育活动。其中社会公众捐助的小额资金可通过护林员直接转交或邮寄等方式赠与国家公园，捐助的大额资金则需通过各种协会转赠国家公园，即国家公园应以具体项目为依托，寻求接受社会公众捐赠的协会给予资金资助。

三是公园有形、无形资源利用所带来的收入。如公园发展与管理部门与当地餐馆、木材加工企业等合作，出售狩猎所获猎物和采伐所获木材，可获取部分资金。此外，该部门还与部分企业合作，授权其使用国家公园字样用于商品商标，并收取相应的字样使用权。利用资源所获的资金也主要用于国家公园开展公众教育活动。

3. 经营机制

在经营机制方面，德国国家公园在发展过程中逐渐探索形成了自己的特色，主要表现在如下几方面。

（1）强化社区共建

德国国家公园在社区共建方面积累了较丰富的经验，其公园与相关机构、周边村、旅游公司、公交公司等建立了良好的协调发展关系和合作机制。例如，在巴伐利亚森林国家公园，从城市或某一个地方来巴伐利亚森林国家公园旅游的游客，凡持有公园游览免费卡的，都免费乘坐发往公园的公交车。其乘客的费用均在居住的酒店按月统一核定，各酒店将需要支付的费用上缴到所在村（社区），由他们与相关的公交公司结算；当地从事以林为生的居民，自国家公园建立以后，则通过协调和补偿放弃了原有的生活模式，结合公园旅游业的不断兴盛，积极开展餐饮经营和相关旅游服务等。这一经营机制推进了多方的共赢，实现了生态、人、社区的和谐发展。

（2）抓好公众游憩服务

德国国家公园发展旅游的重点是让更多的人能够享受自然，游客在国家公园内的游览方式多种多样，比如在米利茨国家公园，游客既可以乘坐船、汽车和橡皮筏，也可以自己携带自行车进行游览。德国国家公园内还增设了必要的人工设施来帮助游客最大程度地欣赏自然美景，比如巴伐利亚森林国家公园在海拔1100m的制高点周围设置了11座眺望台，供游客观赏雄奇的岩壁奇观。此外，德国不少国家公园每个月都会通过媒体告知公众公园组织的游憩活动，如科勒瓦爱德森国家公园由护林员带领的夜间步行活动，公众可通过网络或电话方式报名参加，拟到公园参加游憩的团组也可以通过网络或电话方式向公共关系和游憩宣传部预约护林员作为参观向导。

（3）注重搞好环境教育

德国很重视对青少年一代进行环境保护的教育，其国家公园也不例外，将环境教育视为最重要的工作之一，公园设施建设以青少年的科普教育为主旋律，设立了专门的宣传教育中心、基地，有专门的工作人员来开展此项工作，如巴伐利亚森林国家公园的环境教育基地，构思和设计都很巧妙，建设了不同主题的营地（包括草馆、树屋、水馆等），并邀请世界各地青少年来到这里建设自己国家的小屋，这些小屋和营地平时用于学生的环境教育和体验，周末和节假日还租赁给来国家公园旅游的游客住宿，实现了有效的利用。同时，德国国家公园还积极与周边的社区、学校等联系，设计和实施了一些本土性的环境教育活动，对提高青少年的环境意识产生了重要意义。此外，对于一般的游人，德国国家公园也通过设立专门的博物馆、模型展馆、解说、实物展示、公园手册宣传等形式来传递环保知识，以提高其环保意识。

第四章

英国国家
公园体制

一 英国国家公园的发展历程与现状

1. 英国国家公园的发展历程

英国的自然保护事业开始得较早，目前已建立有国家公园、国家森林公园、废弃地利用基金会、国家文物古迹管理委员会等自然保护形式和机构以及相应的科研机构等。

19世纪早期，英国田园诗歌的发展激发了大众对乡村风光的向往，很多浪漫主义诗人如拜伦等写下了许多描述优美田园风光的诗歌，同时由于乡村土地私有，其后为了使社会公众获得进入乡村的权利，很多非政府组织成立并与土地所有者进行权利抗争。1810年，诗人威廉·威兹发表"导向湖泊"一诗，其中写到他和许多志趣相同的人相信"湖区是国家的宝贵财富，在这里每一个人都有权利和兴趣用眼睛理解，用心胸享受"。1884年，詹姆斯·布莱斯议员展开了一场使公众能自由进入乡村的法案引入活动，虽然最后活动以失败告终，但由此开启了持续超过100年的努力过程。

19世纪末到20世纪中叶，英国农业基本实现了现代化的转型。个体农民面对现代化的冲击和工业化的挤压，组织起来，有了自己的利益代言人——全国农业工人工会和全国农民联合会。农村状况开始得到越来越多的关注。英国人首先意识到自然风景和野生动植物正在受到工业化和城市化的威胁，如果任其恶化，人类生存的根基会被破坏。于是各种社会团体纷纷成立，最著名的莫过于1895年成立的名胜古迹国民信托，该组织在英国自然景观和历史名胜的永久保护上贡献卓著，例如田园中那些长满青苔的栅栏和石墙都得到了精心保护，这些都曾是圈地运动的产物和英国土地早期私有化的标志。

科学界人士则从科学观察和实验的需要出发，组织了各种科学学会，如1912年成立的自然保护地促进协会，1913年成立的世界第一个生态学学会，1926年成立的英国乡村保护协会。1941年30多个社会团体的代表组织召开了战后自然保护大会，大会提出应将自然保护地列入国家战后规划的建议。

到了20世纪初期，越来越多的民众要求进入乡村，他们开始关注户外活动、体育锻炼，希望感受在清新空气中体会到的自由和精神上的愉悦。

1926年由英格兰乡村保护委员会、徒步协会等许多户外活动组织组成了一个国家公园联合常设委员会（国家公园委员会，现名乡村委员会）。到20世纪30年代，相当数量的休闲活动爱好者和自然保护主义者团体，青年旅馆协会、英格兰乡村保护委员会（The Council for the Preservation for England，简称CPRE）和威尔士农村保护委员会（The Council for the Protection of Rural Wales，简称CPRW）等集合起来一起游说政府采取相应的保护措施，要求能够允许公众进入乡村，以保障整个国家的利益，并且于1936年组成了一个志愿部门即国家公园常务委员会（Standing Committee on National Park，简称SCNP）探讨和分析国家公园的相关事宜并督促政府执行相关政策。

第二次世界大战对英国的国家公园运动产生了一定的促进作用。战争中人们渴望和平，在战争即将结束之际，政府开始关注环保，1943年成立了自然保护地委员会，设立了城市和乡村计划部，1945年该部讨论发起了一项"正确使用乡村的宣传运动"。在关于乡村土地使用的官方报告中，明确指出农民是"国家景观的不自觉的监护人"，同时认为农业的繁荣取决于满足农村居民的生存发展以及国人乡村休闲与娱乐的双重需要。同年4月工党政府大选获胜并批准了国家公园的设想。

1949年在英国国家公园的历史上是具有里程碑意义的一年，英格兰和威尔士正式通过了《国家公园与乡村进入法》（National Parks and Access to the Countryside Act），将具有代表性的风景和动植物群落的地区划分为国家公园，确立了包括国家公园在内的国家保护地体系，也将保护自然美景和为公众提供休闲机会正式列入法案，并建立了国家公园委员会，负责自然景观和野生动植物的保护，提供就业，保障乡村的便利设施和推动乡村旅游。当时的城乡规划部部长将其称为"战后最令人兴奋的国会行动"。1951年英国指定了第一批国家公园，但这一法案在苏格兰并未实施，这些政策上的分歧部分是因为苏格兰既定的特权阶级利益和政治利益。但尽管如此，从1949年开始，苏格兰政府也已经在努力尝试推进国家公园的立法，使国家公园体制尽快引入到苏格兰。

此后，围绕着关于英格兰和威尔士国家公园的历史上环境和社会效益之间的平衡问题日益突出，1971年专门成立了国家公园审查委员会（National Park Policies Review Committee）来考查国家公园在管理及经营中是否达到其目标，对当地社会和经济条件是否起到改善以及对国家公园未来的长远发展提出政策上的建议。例如在1974年审查委员会就在报告中建议，必须控制游客对公园的破坏，要依据景观的实际条件进行道路规划等。报告指出，如果在任何一个国家公园出现保护与发展之间的矛盾，利益的天平应该支持对自然和文化资源的长期保护，并且第一次提出，农业并非在国家公园里是首要的环境目标。但直到20世纪80年代末，英国对于乡村的发展一直缺乏战略规划，政出多门，农业部、环境部、森林委员会、乡村委员会、自然保护地委员会和水务部门虽然都对乡村文化的发展与保护有责任，但各自为战，相互掣肘，涉及乡村的相关法案一再修改，缺乏综合协调部门。即使面对要求严控污染和防止乡村的传统风貌被破坏的压力，1975年政府白皮书依然强调粮食增产的重要性。

1986年，保守党政府引入了超越部门利益的野生动植物和乡村法案。同年颁布的农业法也强调了农业部的环保责任。直到20世纪80年代，英国房地产开发才真正遵守保护乡村文化的规定，确保乡村的建筑保有传统的外观。除了立法、科研的帮助外，政府还借助拨款、补贴、税收等措施加大对农民的扶持，加强对农民的环保教育与培训，奖励其环境友好行为。1995年，新通过的《环境法》（The environment Act）重新定义了国家公园的目的，即：①保护和促进国家公园的自然美、野生动物和文化遗产；②提升公众对国家公园的认知和享受；如果以上两条有矛盾，保护的需求将优于休闲娱乐的需求。该法案同时规定，国家公园应该促进当地社区的经济和社会利益，但这条并未列入国家公园的主要目的。国家公园本质上是由国家认定的为了保护国家利益而存在的保护区，同时国家公园管理局成为当地政府的一个独立机构。

2000年，苏格兰通过了《国家公园法》（The National Parks Act），这代表

着苏格兰在引入国家公园体制方面付出的努力，并在随后的2002年，成立了第一个国家公园，即罗蒙湖与特罗萨克斯国家公园（Loch Lomond and the Trossachs）。

2. 英国国家公园的发展现状

截至目前，英国已经拥有15个国家公园，涵盖了其最美丽的山地、草甸、高沼地、森林和湿地区域，总面积占英国国土面积的12.7%，其中英格兰10个，总面积121.4078万hm^2，占英格兰国土面积的9.3%；威尔士3个，总面积41.1052万hm^2，占威尔士国土面积的19.9%；苏格兰2个，总面积56.6500hm^2，占苏格兰国土面积的7.2%（具体如表4-1、图4-1所示）。

表4-1　英国国家公园基本情况一览表

序号	所属区域	公园名称（中文名）	公园名称（英文名）	面积（hm^2）	建立时间（年）
1	英格兰	布罗兹国家公园	Broads	30300	1989
2		达特穆尔国家公园	Dartmoor	95400	1951
3		埃克斯穆尔国家公园	Exmoor	69280	1954
4		湖区国家公园	Lake District	229200	1951
5		新森林国家公园	New Forest	56651	2005
6		诺森伯兰郡国家公园	Northumberland	104949	1956
7		北约克摩尔国家公园	North York Moors	143600	1952
8		峰区国家公园	Peak District	143800	1951
9		约克郡山谷国家公园	Yorkshire Dales	178198	1954
10		南唐斯丘陵国家公园	South Downs	162700	2010
11	威尔士	布雷肯比肯斯国家公园	Brecon Beacons	134952	1957

（续）

序号	所属区域	公园名称（中文名）	公园名称（英文名）	面积（hm²）	建立时间（年）
12	威尔士	彭布罗克郡海岸国家公园	Pembrokeshire Coast	62900	1952
13		雪墩山国家公园	Snowdonia	213200	1951
14	苏格兰	凯恩戈姆山国家公园	Cairngorms	380000	2003
15		罗蒙湖与特罗萨克斯国家公园	Loch Lomond and the Trossachs	186500	2002

图4-1　英国国家公园分布图

但英国的国家公园名不副实，它既不是国家的（并非国有），也不是公园（其中有大面积私人农田场地禁止游人入内），其发展过程具有独特性，每个区域都有其对于国家公园的政策和管理，这实际上与世界自然保护联盟IUCN（World Conservation Union）采用的国际标准的国家公园不完全一致。而且，目前在北爱尔兰还没有国家公园，对于是否在莫恩山脉（Mourne Mountains）建立国家公园仍存在着很大的争议，如果能顺利建立国家公园的话，可以为当地带来旅游业的繁荣和将近2000个工作岗位，但另一方面，人们又担心它可能会推高房价，使得当地的年轻夫妇很难拥有自己的房子。

同时，15个国家公园都是英国国家公园协会（UK Association of National Park Authorities）的成员单位，其工作是为了推进英国国家公园自身的发展，同时促进和加强公园工作人员的培训和发展。

二 英国国家公园的概念和选定标准

1. 英国国家公园的概念

依据1949年颁布的《国家公园与乡村进入法》的第二部分，英国国家公园的定义为："一个广阔的地区，以其自然美和它能为户外欣赏提供机会以及与中心区人口的相关位置为特征"。

2. 英国国家公园的选定标准

英国国家公园一般是指这样的地区：面积广大，自然景观丰富，有山脉、原野、石楠丛生的荒地、丘陵、悬崖或岸滩，伴随有林地、河流，大部分运河和纤路两岸的长条状地带。因此，英国国家公园不是用围墙围起来的所谓"公园"，而是面积很大，包括了乡村、各类自然景观甚至中小城市的几十到几百平方千米的广大的地域范围，它设立的目的是保护与提高国家公园的自然美景、野生生物和文化遗产；为公众理解与欣赏公园的特殊景观提供机会。

按照上述定义和标准，国家公园委员会（现名乡村委员会）划定了10个国家公园，并在1951-1957年间得到国务大臣的批准，其边界不包括大型的居民点和使景观质量降低的地方（例如采石场等），这样划定的结果使英国的国家公园具有独特性，它的诱人之处是由自然的奇观和成百上千年人类的文明而产生的。公园内有农田、林地、纵横交错的道路和管线，茅舍、村庄、小镇点缀其间，大约有25万人生活在国家公园内，在夏季的旅游高峰期，其居住人口可以达到数百万。

在划定国家公园的同时，英国政府还划定了另一类型的自然保护区，称之为特色景区（Areas of Outstanding Natural Beauty），它有别于国家公园，没有供人娱乐的功能，除了看守人员之外，一般民众不得入内，景区不能以任何方式从政府获得专门资金或者各种贷款。

三 英国国家公园的法律体系

1. 英国国家公园的法律体系介绍

英国涉及国家公园的法律数量众多，1949年，议会法案（Act of Parliament）为构建英格兰和威尔士的国家公园（National Park）和著名自然美景区（Areas of Outstanding Natural Beauty）提出了框架，并提出公共路权和开放土地的使用权。与此同时1949年颁布的《国家公园与乡村进入法》（National Parks and Access to the Countryside Act 1949）也确立了国家公园的法律地位，为国家公园和管理委员会的建立提供了依据，赋予了大自然保护协会（Nature Conservancy）和地方政府建立和维护自然保护区的权利，并进一步提供了创建、维护和改善公共路权和修改相关法律法规以及与上述问题相关的权利，此法案也得到了各党派的一致支持。1995年《环境法》（The Environment Act）确定了每个国家公园均由各自的国家公园管理处负责管理和运营，法案同时修正了国家公园设立的目标，确立了国家公园新的经济责任和社会责任。2000年，苏格兰国会发布《国家公园法》（The National Parks Act），开始在苏格兰设立国家公园。

除此之外，还有很多重要法律包含影响国家公园、公园管理局和公园规划的条文，如《城乡规划法》（The Town and Country Planning Act）、《野生动物和乡村法案1981》（Wildlife and Countryside Act）、《灌木树篱条例1997》（The Hedgerows Regulations）、《乡村和路权法案2000》（The Countryside and Rights of Way Act）、《水环境条例（英格兰和威尔士）2003》（The Water Environment <England and Wales> Regulations 2003）、《自然环境和乡村社区法案2006》（The Natural Environment and Rural Communities Act）、《环境破坏（预防和补救）（威尔士）条例2009》（The Environment Damage <Prevention and Remediation，Wales>）、《〈海洋和沿海进入法案2009〉修正案（2011）》（Marine and Coastal Access Act）（Amendment）等。

总之，英国国家公园的法律体系较为完善，并会定期或根据需要进行修改和更新。这一法律基础的复杂性一方面是由英国法律体系本身的特点决定的，另一方面也反映出英国对国家公园法律的重视与已有政策和法律基础的一致，尽量保证与现有体系的协调，增加公众接受度。同时，该法律安排还可以保证国家公园管理相关机构即使不是专设机构，也能在做出与国家公园有关的决策时考虑公园的保护需求。

2. 英国国家公园核心法规辑要

（1）《城乡规划法》辑要

1947年《城乡规划法》（The Town and Country Planning Act）颁布，这个法令直到现在仍然生效。相对于政府无法可依的过去，它使英国的土地使用进入了截然不同的时代：首先，地方政府在开始动手重建前，需先制定一个规划，其中需对辖区内土地的发展及使用做出具有针对性的方针以及详细的施行步骤；其次，土地的使用受到严格地管理和控制，并且必须在整体规划中有所体现。简单地说，《城乡规划法》的颁布，将土地的使用"国有化"了，这在一个资本主义发达的国家来说，是相当难得的。

（2）《国家公园和乡村土地使用法案》辑要

这项法案规定将那些具有代表性风景或动植物群落的地区划为国家公

园，由国家对其进行保护和管理。与其他国家的国家公园相比，它融合了更多环境信托（National Trust）与环境管理的概念，如达特穆尔国家公园（Dartmoor National Park）内的土地，多处仍属于当地农民，保育与农业共存；又如距离伦敦约100km的科兹窝（Cotswolds），南北长126km，总面积为2038km²，跨越英格兰和威尔士，这个区域是英国明令保护的41个AONB（areas of outstanding natural beauty）中的一个，它介于完全的保育和以开发为主的土地使用之间，这个地方没有因为工业的发展而转盖工厂，也没有因为国际贸易的冲击而进行全面的休耕。而这一切都归功于《国家公园和乡村土地使用法案》。该法案的主要内容包括：

①国家公园管理委员会

a. 威尔士乡村委员会和理事会。根据1990年《环境保护法案》第一百二十八条规定，威尔士必须与英格兰一样，有一个乡村机构行使相关管理职能，于是成立了威尔士乡村委员会来履行《环境保护法案》中与威尔士相关的环境法律问题。

委员会可执行的功能如下：其一，保护和加强根据2000年《乡村权利法案》建立的国家公园以及其他地方的自然景观。其二，鼓励人们充分利用国家公园，提供相应的设施，为民众创造和提供享受大自然的户外娱乐和学习的机会。

b. 委员会被赋予的权利。委员会和相关机构被赋予依据法律法规行使管理的权利，并且委员会在执行的过程中也必须遵循法令的要求。当下达相关指令或方向后，必须向相关责任人尽到告知的责任和义务。

②国家公园

a. 此法案第二部分适用于威尔士。这一部分赋予了委员会一项权利，与关于英格兰各种不同类型的区域的管理一样，委员会在威尔士会拥有相应的权利。

b. 国家公园建立目的。此法案要以达到以下效果为目的：其一，加强对指定区域自然美景、野生动物和文化遗产的保护；其二，为民众提供和改善在这些区域休闲和学习的相关条件；其三，为民众提供他们能负担得起并根据他们性格和阶层设立的户外娱乐机会场所；其四，这些根据委员会按照相关程序指定的区域，经报告部长并审批之后，就称之为国家公园。

c. 委员会和国家公园的职责。其一，根据法案要求，在英格兰范围内依据条款要求建立国家公园；其二，部长除了为委员会指定方向之外，还应该就相关区域的管理提供时间和顺序上的安排；其三，给当局在国家公园的选取与建立上提供适当的建议；其四，给相关机构提供符合相关土地法案规定的国家公园内的土地开发方案，或者适当的规划与发展计划，但要充分考虑国家公园的可持续发展的要求。

d. 与国家公园有关的发展计划。任何针对国家公园全部或部分区域的发展计划或者提案，都必须根据实际情况，在征得委员会同意的基础上才能实施，委员会有权利在考察后改变其计划。

e. 与国家公园相关的特定机构与个人的职责。国家公园管理局在追求国家公园的利益时应寻求能同时促进当地社区经济和社会福利的方法，并且以不付出重大经济支出为代价，配合当地政府和公共机构来实现国家公园与社区经济的双赢。

在行使或执行任何权利时，如果与国家公园的保护有冲突，应以保护为原则，维持国家公园内的自然景观、野生动物和文化遗产的原始状态。

③自然保护

大自然保护协会应当与每一位土地的所有者、承租者和使用者签订协议，由相关利益人管理自然保护区，确保其受到很好的管理和保护，任何人都要受此协议的约束。

④公共权利

公园内会划定小路、骑马专用道和其他高速公路，还有部分长途线路，公众能够沿特定的路线步行、骑马或骑自行车，这些线路都不会与车辆使用的道路交叉，并且会提供路线的地图，标示清楚每种道路的功能及使用说明，以及对相关车辆的限制说明。还会在沿线经地方规划当局审批通过的区域或附近区域提供住宿、食物和饮料等必需的物品及服务。

（3）其他

①1955年《绿化带建设法》（Green Belt Circular）颁布，将"绿化带"建设作为一项重要的城市规划控制手段，要求在城市建筑规划时进行绿化带的种植建设。这项规定，与其说是在改善城市居住环境，不如说是对城市的无限蔓延扩展之势进行一定程度的遏制。

②《野生动物和乡村法案1981》（Wildlife and Countryside Act）明确了对于国家自然保护区以及不同物种的保护要求，禁止任何形式的杀戮、伤害、打扰、采摘和贸易，同时也对育种区域进行保护。

③《灌木树篱条例1997》（The Hedgerows Regulations）要求保护条例中包含和涉及的各类灌木。

④《乡村和路权法案2000》（The Countryside and Rights of Way Act）确立了杰出自然风景区，极大地推动了国家公园内乡村空间的开放。该法案还开放了农场内的步行道，使之成为长途的远足路线，并进一步加强了现有的立法，明确规定违反《野生动物和乡村法案》的行为可以监禁。

⑤《水环境条例（英格兰和威尔士）2003》（The Water Environment <England and Wales> Regulations）。依据该条例，环境管理当局确定了英格兰和威尔士地区的11条河流流域并提出了相应的管理计划，该计划旨在确保所有水生生态系统、陆地生态系统和湿地在2015年达到"良好的状态"，目前该计划在实施进行中。

⑥《自然环境和乡村社区法案2006》（The Natural Environment and Rural Communities Act）明确了所有公共部门的职责，包括规划当局在他们的工作中要考虑生物多样性的需求，遵守《生物多样性公约》，同时要求国务大臣根据需要保护的物种和生物栖息地采取进一步的保护措施。并于2006年10月1日合并英国自然署、乡村署、农村发展署，组成新的机构即英格兰自然署和乡村社区委员会。

⑦《环境破坏（预防和补救）（威尔士）条例2009》（The Environment Damage <Prevention and Remediation，Wales>）。该条例要求运营商要采取措施，以防损坏已受其他立法保护的物种和栖息地，并且在指定区域以外也必

须要遵守此条例，同时要避免对水资源和土地资源的污染，以确保当地居民的生活健康。更为重要的是，主管部门可以了解到运营商的相关信息，如果发生损害则可以要求他们来弥补损失。

⑧《〈海洋和沿海进入法案2009〉修正案（2011）》（Marine and Coastal Access Act）（Amendment）2011提出要创建一个包括满足自然保护以及社会和经济需求的新的海洋规划体系。除此之外，该法案还建立了海洋管理组织以确保海洋养护区（Marine Conservation Zones，MCZs）来保护重要的海洋野生动物、栖息地以及相关地质地貌，同时明确规定了所有政府当局都有责任保护海洋养护区并确保海洋管理组织拥有能够为了特定的保护目的而创建相关条例的权利。

四　英国国家公园的管理模式

1. 管理机制

（1）建立多方协同的管理体系

英国国家公园的授权和管理具有明显的"自上至下"的痕迹，根据1909年国家公园法成立了国家公园管理局，且每个国家公园都有自己的国家公园管理局（National Park Authorities）对其进行专门管理，其中包括委员会成员、工作人员和志愿者。1968年英国政府将整个农村作为一个整体管理，国家公园管理局更名为农村委员会。

国家公园管理局的人员由国家和地方政府的代表共同组成，每个区、郡和公园所在的其他独立地方当局都应任命至少一名成员，除非其选择弃权；略多于半数的席位由地区官员组成，1/4的席位由地区代表组成，1/4～1/3的席位由国家委派，会选择一些在环境和农村社区方面有专业知识和经验的人员，以代表国家利益；他们组成管理委员会，人数在10～30人之间，这部分成员不是国家公园的全职工作人员并且没有任何报酬，主要负责制订长期发展规划和做出一些诸如娱乐休闲、乡村企业、金融等方面的重要决策，委员会也会定期根据实际需要召开会议。来自地方当局任命和教区提名的成员必须超过国家派出的成员。在苏格兰，他们可以是由苏格兰部长直接任命或者由当地居民直接投票选出，每年公园管理局也会要求地方当局提议提名成员，该过程在每年夏末开始，任期始于第二年四月，在此之前成员名单会在环境、食品与农村事务处（DEFRA）官方网站上进行公示。

每个国家公园管理局会雇用50～200名带薪员工，大多数员工在国家公园管理局总部工作，但也有部分员工会在坐落于国家公园不同位置的实地考察站和游客中心工作，这些员工参与日常的相关工作，他们根据国家公园的结构和性质分成不同的部门，如信息管理、科学研究和交流、自然保护、旅游、人力资源等。从2007年一份对达特穆尔、埃克斯穆尔、新森林和雪墩山四个国家公园工作人员在学历教育上的调查中可以看到，他们一共雇用了149名拥有学士学位或者更高学位的员工，大部分集中在表4-2所列领域。

表4-2　部分国家公园员工专业情况表

专业	人数（人）
生物学	15
地理、地质学	24
旅游	2
林学	5
农业	3
景观规划与保护	4
考古学、历史	12
建筑、文化遗产保护	8
经济学、管理类	11
法律	6
城乡规划	45
计算机、地理信息系统	12
环境保护	2

除国家公园管理局，英国还有许多不同职能、不同层面的组织对国家公园的保护和管理负责。

在联合王国层面，国家环境、食品和乡村事务部（DEFRA）总体负责所有国家公园。在成员国层面，分别由英格兰自然署（Natural England）、威尔士乡村委员会（Countryside Council of Wales，CCW）和苏格兰自然遗产部（Scottish Natural Heritage）负责其国土范围的国家公园划定和监管。在国家公园层面，每个国家公园均设立公园管理局，由中央政府拨款。

此外，参与生态非政府组织是英国自然保护体系的支柱之一，很多致力于自然和文化遗产保护并拥有国家公园里的部分土地的非政府机构与国家公园管理密切相关，如国家公园管理局协会、国家公园运动、英国皇家保护鸟类协会、国家信托和林业委员会等，其中英国皇家保护鸟类协会（The Royal Society for the Protection of Birds，RSPB）是欧洲最大的保护组织，拥有超过100万成员（比英国任何政党人数都多），同时协会拥有和管理着超过170个自然保护区，这些都为社会和政府更多地关注和支持自然保护问题给予了极大的帮助；国家信托和林业委员会由于在国家公园拥有部分土地，也承担了相应的保护责任。还有如自然的声音、野生动物信托、森林信托、英国遗产署和历史英格兰等保护相关的慈善机构也为国家公园内相应资源的保护提供支持和建议。

在多机构协同工作的过程中，国家公园管理局扮演了提供交流平台和中间协作的角色，不仅针对相关机构，还要保证农户和居民等个人土地所有者的参与，管理过程中的利益相关者参与可以从公园管理局人员构成、管理规划准备阶段、管理规划草案咨询等方面得到体现。

（2）引导志愿者参与国家公园的管理

英国所有的国家公园都有志愿者参与到公园的保护中去，有些公园志愿者可以达到数百名之多，人们很乐意充当国家公园的志愿者，因为在这个过程中他们可以欣赏到美丽的乡村景色，与人积极地交流和沟通，同时他们也因为意识到自己在为保护自然景观服务而自豪。他们大多会从事如下的一些工作：各种志愿者项目、具体实际的保护活动、引导工作、调查工作、志愿者管理员、教育服务、独立网站管理、生产管理计划、翻译服务、垃圾收集服务等。同样志愿者的服务也是无偿的，并且国家公园管理局在很大程度上依赖于他们的存在。

英国的国家公园的管理采取政府资助、地方投入、公众参加相结合的方针，由政府任命管理方面的官员，会同由环境学家、生态学家、地理学家等大学、科研机构的科学家，以及地方行政长官和公众代表组成的国家公园委员会对国家公园实施管理。国家公园管理部门的作用类似于"监管者"，具有强大的管理权利。在住宅建议、大型基建（如水库）或工业设施（如采石场）建设方面，拥有审批权。在住宅建议方面，国家公园通常只批准极少数的住宅建设项目，并将新建住宅规划于现有村庄内部或紧邻村庄的外围。此外，国家公园景观特征评估报告制定建筑形式和建筑材料导则，公园内的建设必须满足导则所提出的要求。

（3）实施独立于地方政府的规划管理机制

英国国家公园的规划管理独立于地方政府，每一个国家公园管理部门负责编写自己的发展原则和规划。公认的规划管理有卓著成效的是峰区国家公园，其管理机构是集权的典型，公园位于六郡范围内，但不易划分为六部分管理，管理机构名称为联合规划委员会。共有34名委员，其中23位由与公园相毗邻的郡和地区指派，其他的是由负责环境的国务大臣选派的精通国家公园各方面工作的专家，其管理机构体系见表4-3。同时，英国的土地制度和民主政体也决定了社区居民和社会团体能有效参与公园的规划管理，以保护自己的合法权益。

表4-3　峰区国家公园管理机构简表

国家公园主任			
副主任（规划）	副主任（实施）	副主任 （房地产与区域服务）	副主任 （秘书和律师）
1. 政策组	3. 建筑环境组	6. 房地产组	8. 信息服务组
2. 规划管理组	4. 景观及娱乐组	7. 巡游小组	9. 行政管理组
	5. 遗产保护组	10. 公园研究中心	

2. 资金机制

（1）资金来源机制

英国国家公园的资金来源主要由如下几部分组成：一是中央政府资助。英国的国家公园保护管理经费大部分由中央政府资助，一般处于50%～94%之间，平均资助比例达到72%，由于其人员组成的原因，管理人员与中央政府关系密切，使得国家公园能够得到足够的资金和外来的资源用以进行公园的基础调查、专题研究及管理。二是地方当局的预算。但只有三家国家公园接收到了这笔资金，大约比例占到他们收入的13.7%。三是国家公园自身的收入。如规划费用、信息中心销售收入、停车场收入等，大约占1%～43.4%，平均比例为15.6%。四是一些特殊的基金。如欧盟基金（EU Funds）、英国文化遗产彩票基金（The Heritage Lottery Fund）和可持续发展基金（The Sustainable Development Fund）等，这部分比例可达9%左右。五是银行利息、专项或者一般的储备以及垃圾填埋税等，大约占 8%。同时，由于资金与其他政府项目上有可能出现冲突，除政府直接拨款和设立环保项目支撑以外，英国政府设立的国家彩票也是国家公园资金支持的来源之一，加之专门成立的彩票发放机构，更有利于保护资金能合理发放，更有针对性地利用和运作，实现公平有效的专款专用。

不同的资金来源有着不同的特点，其中政府、国际组织显然比非政府组织的资金来源可靠，而非政府组织、慈善团体的资金运作则比政府资金的运作更为灵活。英国国家公园的资金来源结合了前者的稳定可靠性和后者的灵活多样性。

（2）资金使用机制

英国的自然保护区依法要每年为自己制定财政规划来确保资金的收支平衡。不同于财政预算的是，财政规划要对各类活动所需要的资金额度有一个详细的计划，并且要确定保护区资金近期、中期和远期的最佳来源（表4-4、表4-5、图4-2）。

表4-4　2010-2014英国各国家公园支出预测　　单位：英镑

国家公园	2010-2011	2011-2012	2012-2013	2013-2014
布雷肯比肯斯国家公园 （Brecon Beacons）	3302269	3215500	3402253	3387834
布罗兹国家公园（Broads）	4229502	4002149	3774799	3547447
凯恩戈姆山国家公园 （Cairngorms）	4946000	4756000	4646000	
达特穆尔国家公园 （Dartmoor）	4739642	4484867	4230095	3975321
埃克斯穆尔国家公园 （Exmoor）	3978580	3764715	3550853	3336989
湖区国家公园 （Lake District）	6921279	6549233	6177190	5805144
罗蒙湖与特罗萨克斯国家公园 （Loch Lomond and the Trossachs）	7122000	6768000	6648000	6499987
新森林国家公园 （New Forest）	4028096	3811570	3595046	3378520
北约克摩尔国家公园 （North York Moors）	5428266	5136475	4844687	4552897
诺森伯兰郡国家公园 （Northumberland）	3311334	3133337	2955341	2777344
峰区国家公园 （Peak District）	8298814	7852720	7406630	6960536
彭布罗克郡海岸国家公园 （Pembrokeshire Coast）	3462640	3368100	3554853	3540433
雪墩山国家公园 （Snowdonia）	4435091	4316400	4503153	4488733
南唐斯丘陵国家公园 （South Downs）	7290000	11373133	10981271	10589405
约克郡山谷国家公园 （Yorkshire Dales）	5398563	5108369	4818178	4527984

资料来源：http://www.nationalparks.gov.uk/

表4-5 2008年9月英国3个国家公园资金支出列表

序号	支出	布雷肯比肯斯国家公园（Brecon Beacons）	达特穆尔国家公园（Dartmoor）	湖区国家公园（Lake District）
1	保护自然环境	4%	14%	7%
2	保护文化遗产	3%	7%	4%
3	控制和发展规划	15%	16%	10%
4	政策和社区规划	9%	7%	8%
5	促进学习和理解	24%	18%	28%
6	游憩管理和交通	6%	9%	1%
7	管理人员、产业工人和志愿者	21%	19%	21%
8	组织运营	17%	7%	12%
9	其他	1%	3%	9%

资料来源：http://www.nationalparks.gov.uk/

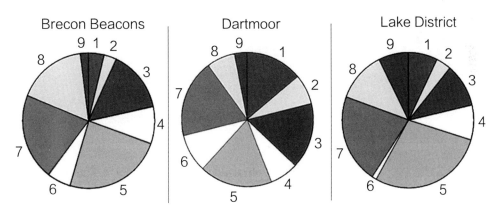

图4-2 2008年9月英国3个国家公园资金支出分布

资料来源：http://www.nationalparks.gov.uk/

3. 经营机制

英国国家公园在经营上具有如下几个特点。

（1）强化自然资源保护

为保护自然资源，英国国家公园以英国生物多样性行动计划作为技术指导。生物多样性行动计划通过调研区内的野生动植物资源，对不同的土地利用方式和重要动植物及共居住区域提出详尽的保护要求。国家公园内相当多的土地面积是受到国家法律保护的自然保护地区，例如具特殊科学价值地区、国家自然保护区、地方自然保护区等，居住在保护区的民众必须遵守放养牲畜、维护林地、保护水体、保护草场的规定，如峰区国家公园有接近40%的土地为国家或国际自然保护区。在非保护区的地方，农民也可以申请环境补贴在自己的农场内实施环境保护，农场在国家公园占据相当大的面积，例如峰区国家公园有一半的面积是农场。整个峰区国家公园被划分为"欠佳地区（Less Favored Area）"，这意味着这里的牧民可以申请国家给予坡地农场的津贴，获得比低地农民更高的补贴，以坚实的支援为基础来维持高地社区的社会结构和可持续性的土地经营管理。此外，峰区国家公园有一半的土地被划分为环境敏感区。环境敏感区通过环境补贴，鼓励农民采取适宜的农业耕种方式，保护及提升拥有相当高价值的景观、野生动物或当地的历史文化特色。具体措施包括改善对树篱和干石墙的管理、保护特色（如古农场系统）、改良草场、退耕还林、划分禁止畜牧地区等。此外，农民还可自行申请各类补贴，进行有机农业生产、田庄守护、退耕还林、多样化农场企业等活动。

（2）合理协调土地私有权与资源保护、公众休闲之间的矛盾

英国国家公园都是免费进入、开放式管理的，为此，国家必须付出更多的管理资金和管理资源，面对为数众多的农民，英国通过强制性或经济补偿的形式保护乡村的景观风貌。在这样的要求下，英国国家公园与公园内农民的合作并不和谐，很多农民并不认为国家公园的管理人员站在他们的立场上，相反，他们认为这些管理人员代表着"城里"的外来者的利益。为了解决土地私有权与资源保护、公众休闲之间的矛盾，管理机构通过与土地所有权人签订进入权协议，允许公众进入私人土地欣赏自然景观，并公布详细的地图告之公众可以行走的路线。这一方面使得居民会更加关心自己周围的环境质

量，另一方面对于土地管理者或者基金来说有必要购买一部分权利，如在一些重要的地区进行开采和挖掘。

（3）开发多种经营活动

英国的国家公园鼓励进行多种经济开发，国家公园内目前主要的经济活动有如下几项：

其一，农业和林业。这两个行业几乎承担了国家公园地区绝大多数食品、木材和其他产品的生产，并提供广泛的公共物品和服务。英国政府和国家公园管理局鼓励公园内农场主经营农场和保持其无损自然环境景观的生活传统。英国所有的国家公园都有农耕，而且主要以传统方式进行，并以此特性吸引了大量游客前往欣赏。在英国国家公园内，还鼓励发展现代化可持续农业，提高土壤恢复力和生产力，丰富农产品种类，发展食品加工业及其销售。

其二，畜牧业。受市场驱动，国家公园内土地不断由农耕向畜牧业转化。农业、林业和渔业约占所有企业的24%，近10%的国家公园的总就业人数，创造了约13500个全职就业机会。

其三，旅游与休闲。旅游业目前已成为国家公园的中心产业，按照生产生活与自然旅游结合的原则有控制地加以开展，绝大部分发生在"未管理"（Unmanaged）的乡村空间（农田、农场和村庄之内），活动包括开车观光、远足、访问亲朋、在海滩休息、进行非正式的体育活动，而并非在特意为休闲娱乐而圈定的园区内进行，如经过组织的体育活动、采摘、特定的乡村公园游览等。城镇和村庄是国家公园旅游的重要节点。除此之外，国家公园内还有一些手工艺作坊和制作中心、动物园、露天游泳池、折扣店和特色农产品店等休闲娱乐地点。旅游休闲活动开展使得国家公园每年吸引约9500万游客，有8700万次的短途旅行，过夜游客中累计参观天数达到2400万天。每年的游客支出大约有300亿英镑，"间接影响"至少达到400亿英镑，其中包括为国家公园游客提供服务的邻近的城镇和村庄。大量的游客支出能够创造48000个全职的工作，约占国家公园总就业人数的34%，为社区产业发展注入了活力。

第五章

瑞典国家
公园体制

一　瑞典国家公园的发展历程与现状

1. 瑞典国家公园的发展历程

瑞典森林资源十分丰富，森林面积约为2642万hm²，占其国土面积的64%。瑞典鼓励森林资源的综合利用，其森林只有5%是作为自然保护区完全保护而不做任何开发利用的，其余的95%都在开发利用。经过近百年的努力，瑞典已逐步走上可持续发展的轨道，森林蓄积量、年生长量和年采伐量稳步增长，成为欧洲木材蓄积量最丰富的国家，成为可持续发展林业的典范。1909年，瑞典在北部北极圈建立了第一个国家公园阿比斯库（Abisko）国家公园，成为欧洲最早建立国家公园的国家，成立该国家公园的目的是"在北欧北部保留一块区域，保持它原来的样子作为科学研究"。因此，阿比斯库科学研究所也建址在这个区域。同年，瑞典通过了《自然保护法》。

1909年，瑞典议会通过《国家公园法案》，同年成立了9个国家公园，是欧洲第一个设立此类型公园的国家。接下来在1918年到1962年之间又建立了7个国家公园，1982年到2009年之间增设了13个国家公园，最新的是2009年9月建立的科斯特海域（Kosterhavet）国家海洋公园，是瑞典第一家国家海洋公园，以无机动车行驶的科斯特（Koster）岛屿为中心。从哥德堡沿着海岸线驾车去那里，只需2h车程。这个公园的建立经历了很长的时间，最初始的提议是在1979年建立一个海洋保护区，1989年又提议建立一个国家海洋公园。这两个提议虽然含有明显的值得称赞和关注的保护目的，但在斯德哥尔摩自上而下提出时却没有考虑到与当地居民必需的沟通和咨询，也没有考虑到创建一个国家海洋公园所带来的广泛的社会和经济上的影响。最近的关于倡议在科斯特海（Koster）建立国家公园始于2003年，包括从国家代表和官员到当地居民都参与到其中，直到第一家国家公园建立之后一百年的2009年这家国家海洋公园才正式建立。

2. 瑞典国家公园的发展现状

目前，全瑞典共有29个国家公园，总面积达到729382hm^2，并计划在4年内增设6个。大部分国家公园集中在北部人烟稀少的地区。南方的国家公园较少，且面积也较小，如豪母拉（Hamra）国家公园28hm^2，瑟得勒斯考登根国家公园（Dalby Söderskog）36hm^2（表5-1、图5-1）。瑞典所有国家公园总面积的九成是山地，因为位于北方山区的Sarek和Padjelanta国家公园占地广阔，各有大约200000hm^2。北方很多公园都位于拉普人居住区内；当地是萨米原住民的居住区，自然景观也保存良好，获选为文化与自然双重遗产。位于南端的南山脊、达尔比南森林和Stenshuvud国家公园有广阔的阔叶林，总共占地2000hm^2。

表5-1 瑞典现有国家公园一览表

序号	国家公园名称	面积（hm^2）	所属区域	建立时间（年）	描述
1	Abisko国家公园	7700	北博滕省	1909	公园以南、西是山脉，以北是斯堪的纳维亚最大的Tornatrask湖
2	Bjornlandet国家公园	1100	西博滕省	1991	独特之处是其广阔的老熟林和陡峭峡谷的山地
3	Bla Jungfrun国家公园	198	卡尔马省	1926	Bla Jungfrun是波罗的海上的一个岛，北部是裂口和坑洼，南部是树林
4	Dalby Söderskog国家公园	36	斯科讷省	1918	公园大部分是落叶林，被56m宽的路堤包围着
5	Djuro国家公园	2400	西约塔兰省	1991	由瑞典最大的维纳恩湖中的30个岛屿组成
6	Farnebofjarden国家公园	10100	达拉纳省、耶夫勒堡省、西曼兰省	1998	达尔河流经公园，不规则的岸线包围200多个大小岛屿
7	Fulufjallet国家公园	38500	达拉纳省	2002	主要是秃山和荒原，为瑞典众山中独有

（续）

序号	国家公园名称	面积（hm²）	所属区域	建立时间（年）	描述
8	Garphyttan国家公园	111	厄勒布鲁省	1909	地形因人类农耕和林业而改变，如牧地和落叶林
9	Gotska Sandon国家公园	4490	哥得兰省	1909	是沙形成的岛屿，景观主要是沙漠、沙丘和松林
10	Hamra国家公园	28	耶夫勒堡省	1909	公园内由两个冰碛石矮山组成，山上是老熟林和岩石巨砾
11	Haparanda skargard国家公园	6000	北博滕省	1995	位于波的尼亚湾北部，由很多广阔沙滩的岛屿组成
12	Kosterhavet国家海洋公园	37000	西约塔兰省	2009	瑞典第一个海岸公园，包括Koster群岛附近的海和海岸，但不包括Koster群岛本身
13	Muddus国家公园	49340	北博滕省	1942	公园内有深谷和老熟林，也有瑞典最古老的松树
14	Norra Kvill国家公园	114	卡尔马省	1927	树林内的松树超越350年。公园内有三个湖：Stora Idegolen、Lilla Idegolen和Dalskarret湖
15	Padjelanta国家公园	198400	北博滕省	1962	地势平坦开扬，包围着Vastenjávrre和Virihávrre湖。西邻挪威，是最大的国家公园
16	Pieljekaise国家公园	15340	北博滕省	1909	公园以区内著名的Pieljekaise山命名，主要是桦林、山地和湖泊
17	Sarek国家公园	197000	北博滕省	1909	高峰和窄谷的高山环境。公园内有超过100条冰川和一些高于2000m的山
18	Skuleskogen国家公园	2360	西诺尔兰省	1984	由远古树林、高山和海岸组成。松林覆盖山峰，被海水和大冰原的山谷分隔

（续）

序号	国家公园名称	面积（hm²）	所属区域	建立时间（年）	描述
19	Stenshuvud国家公园	930	西诺尔兰省	1986	Stenshuvud是面向波罗的海的一个山丘，大部分区域是阔叶林。它附近的地势平坦，在很远外都能看得见，故船员以它作为航海路标
20	Stora Sjofallet国家公园	127800	北博滕省	1909	公园北部位于斯堪的纳维亚山脉之中，包括瑞典最高的几个山峰。南部的山较矮小，主要是树林
21	Store Mosse国家公园	7850	延雪平省	1989	公园内有瑞典南部最大沼泽。有很多品种雀鸟的Kävsjön湖也在公园内
22	Sanfjallet国家公园	10300	耶姆特兰省	1909	公园以1278m高的Sanfjallet山命名。山区间的湖泊和树林纵横交错
23	Soderasen国家公园	1625	斯科讷省	2001	公园内有轮廓明确的90m深谷，谷中被阔叶林覆盖，当中大部分是山毛榉
24	Tiveden国家公园	1350	斯科讷省	1983	公园位于Tiveden树林内最人迹罕至的部分，地势是布满石块的山区
25	Tresticklan国家公园	2897	西约塔兰省	1996	公园内有裂谷景观，斯堪的纳维亚南部仅存的几个原始林之一
26	Tyresta国家公园	2000	斯德哥尔摩省	1993	峡谷的坡上有很多石块。公园被松林覆盖，是瑞典最大的老熟林之一
27	Tofsingdalen国家公园	1615	达拉纳省	1930	公园由两个山脊组成，中间是原野和老熟林覆盖的山谷
28	Vadvetjakka国家公园	2630	北博滕省	1920	公园以Vadvetjakka山命名，位于Tornetrask湖西北的山区
29	Angso国家公园	168	斯德哥尔摩省	1909	Angso是斯德哥尔摩群岛中的一个岛，以其"群岛中的古代农田景观、春季花朵和多变的鸟类生活"驰名

同时，2008年，瑞典环保局调查和咨询各省份后，计划新成立13个国家公园。其中第一个新国家公园科斯特国家海洋公园（Kosterhavet）已经于2009年9月设立，其余12个的设立时间待定（表5-2）。计划完全落实后，瑞典的国家公园将会占国土面积的3.7%，远多于原来的1.4%。

表5-2　瑞典将设立的国家公园列表

公园名称	面积（hm²）	所属区域
Bastetträsk国家公园	5000	哥得兰省
Blaikfjället国家公园	40000	西博滕省
Kebnekaise国家公园	65000	北博滕省
Tavvavuoma国家公园	40000	北博滕省
Válådalen-Sylarna国家公园	230000	耶姆特兰省
VästraÅsnen国家公园	2000	克鲁努贝里省
Nämdöskärgarden国家公园	14000	斯德哥尔摩省
Koppången国家公园	5000	达拉纳省
Reivo国家公园	11000	北博滕省
Rogen-Juttulslätten国家公园	100000	达拉纳省、耶姆特兰省
Sankt Anna国家公园	10000	东约特兰省
Vindelfjällen国家公园	550000	西博滕省

二　瑞典国家公园的概念和选定标准

1. 瑞典国家公园的概念

依据《环境法》，瑞典倾向于在一个具有某些类型景观的大规模连接区域中建立国家公园。理想的情况下，该地区应未受到商业或工业的污染并且尽可能地接近自然状态，分为国家公园和自然保护区两类，分别占国土面积的5%和6%。

金星（✳）是瑞典国家公园的标志，它表示国家公园代表瑞典最杰出的自然资源。

瑞典建设国家公园是基于四个目的：一是将具有自然价值和美丽景观的地区加以保护，使游人体验到原始而奇特的生态环境，感受到森林、湖泊和花卉构成的自然之美；二是为国民提供休闲、登山、旅游、探险、狩猎及科普活动的场所；三是为教育青少年热爱自然、保护环境、开展科学实验提供活动场地；四是为外来人员提供信息咨询，免费为游客提供各种需要的帮助。

2. 瑞典国家公园的选定标准

根据瑞典环境保护局订立的条件，瑞典国家公园必须：能代表独特地形、能受有效保护和在不破坏自然的情况下用做研究、康乐和旅游。

同时瑞典国家公园必须具有很高的自然价值：一是单独或作为整体的一部分，能够代表整个国家中一个广泛的或独特的自然景观；二是在区域中应包括各种自然环境，通常情况下，至少面积达到1000hm²；三是应包括代表瑞典景观的自然区域，并保持它们的自然状态；四是有吸引力的自然美景或者独特的环境，能够持续进行自然体验，产生深刻的印象；五是能够有效保护主体，同时可以在没有危害自然价值风险的情况下进行；六是开展研究、户外休闲与旅游活动。

此外，如果一个区域被设定为国家公园，政府（以瑞典环境保护局的形式）必须自己拥有或者购买该区域内的土地和海洋。考虑到所有权谈判将消耗大量的时间和资源，所有权问题可能会影响国家公园最终的边界范围。

三 瑞典国家公园的法律体系

1. 瑞典国家公园的法律体系介绍

瑞典林业实现可持续发展，并非靠自觉，而是一整套完善的法律法规和坚决执行的结果。瑞典非常重视国家公园管理法律法规建设，1903年，瑞典中央政府颁布了《森林法》。1909年，又通过了第一部《自然保护法》和《国家公园法》，为国家公园的建设和管理提供了法律基础。1948年的《林业法》也规定，林主采伐自有林木必须事先征得当地林业局的批准，并自采伐之日3年内必须予以更新。1964年和1969年瑞典政府又先后制定了《自然保护法》和《环境保护法》这两项重要的环境保护基本法，对环境治理提出了明确的目标，要求相关企业必须使用"现有最好的技术"以确保资源的充分使用。当前，瑞典国家公园建立的基础是由瑞典环境保护局于1989年制定并于2008年重新修订的《国家公园规划》。

第二次世界大战后，地处北欧的瑞典重工业发展迅速，汽车、机械、钢铁、冶金等行业带来的环境污染问题越来越明显，使得瑞典不得不加强污染防治的立法，这也对其国家公园的管理产生了积极意义。1989 年5月，瑞典开始起草《环境法典》，议会的一个委员会被任命来审查瑞典的环境法律，并于1999年1月1日起正式生效，《环境法典》将原先的15 部有关环境保护的法律（这15部法律分别是《自然资源法》、《自然保护法》、《动植物法》、《环境保护法》、《健康保护法》、《水法》、《农业用地管理法》《转基因组织法》、《化学品法》《生物杀虫剂法》、《林地杀虫剂法》《含硫燃料法》、《公共清洁法》《禁止向水体倾倒废弃物法》和《环境损害法》）整合起来，设置了环境法庭体系，整个环境法庭体系由地区环境法庭、高等环境法庭和最高法院组成。环境法庭主要受理有关环境损害赔偿、对环境行政处罚不服的上诉案件以及涉及环境危害行为许可的案件，其审理环境案件适用普通民事诉讼程序。同时法典和单行法一样平等适用，包括1994 年的《森林法》、《公路法》、《铁路建设法》、《矿业法》、《化学品管理法》、《健康保护法》、《核活动法》、《辐射防护法》。

此外，瑞典政府还制定了许多行之有效的林业政策和措施，实现了森林利用和环境保护的双赢，也对其国家公园的建设和发展起到了重要的推动作用。

2. 瑞典国家公园核心法规辑要

（1）《森林法》辑要

瑞典政府从1903年通过第一部《森林法》到20世纪末，共颁布过7部森林法，其中1918年、1923年《森林法》的内容与1903年《森林法》相比改动不大，所以通常人们都把这两部《森林法》忽略不计，习惯上把其之后的1948年的《森林法》称为第二部《森林法》，把1979年的《森林法》称为第三部《森林法》。由于1994年颁布的第四部《森林法》中增加了以往任何法都没有的环境和生物多样性保护内容，所以瑞典现在把这一法称为新《森林法》，将以前的相应统称为旧《森林法》。1994年《森林法》的变动最大，这部法在保持旧法的木材生产目标的同时，增加了环境和生物多样性保护目标，规定"以可持续、高产值的收获为目标，高效地利用森林和林地，使林产品满足将来人们的各种需求"外，还要求"保持林地的生产力，确保森林生物多样性和遗传差异，森林经营必须保证森林生态系统中的动植物可以在自然条件下以足够的种群形式进行生存，保护濒危物种的植被类型，保护森林的文化遗产、景观和社会价值"。在使用新的造林方法和新的林业材料之前，必须向瑞典林业管理部门提交环境影响的报告。《森林法》对瑞典林业资源的可持续发展起到了不可估量的作用，其基本精神就是限量采伐、及时更新、永续利用。法律要求采伐后的林地必须及时造林更新，新林地应妥善管护；要求林主保护生物多样性；同时，瑞典政府还通过补贴方式引导私有林主编制森林经营方案，推进森林经营科学合理进行。正是这些完善的法律法规和政策措施的坚决执行，瑞典林业实现了可持续发展，也为瑞典国家公园的建立与维护奠定了坚实的法律基础。

（2）《自然保护法》辑要

1964年颁布，其第一条明确规定："人人享有依法进入土地的权利，必须正确地对待自然"。该法案于1975年修正，也规定要对设立国家公园或其他自然区受到损害的土地所有者给予补助或者负责赔偿。

（3）《环境保护法》辑要

1969年颁布，明确了严格的环境管理条例，并在第十章对环境损害保险做了专门的规定。对于人身伤害和财产损失，由环境损害保险提供赔偿，政府或者政府指定的机构应当按照批准的条件制定保险政策（环境损害保险）。

依本法发布的命令从事需要许可证和需要审批的活动的人，应该按照政府或政府指定机构制定的价目表缴纳一定数额的保险金。该保险金应该按照有关立法年度缴纳。政府可以发布免予执行本条规定的命令。缴纳保险费的通知发出30天后，义务人仍未缴纳环境损害保险金的，保险人应该将该情况向监督机构报告，监督机构可以责令义务人履行其义务，并处以罚款等惩罚措施，义务人对监督机构的命令不得起诉。

四　瑞典国家公园的管理模式

1. 管理机制

（1）管理机构

瑞典的国家公园属于全民财产，具体由国家环境保护局自然水土保持中心、林业局以及公园所在地、县的相应部门共同管理。在中央机构中，第一个执法机构就是内阁，第二个机构是环境部，第三个机构是环保局。在地方执法机构中，首先的一个机构就是郡行政管理委员会；另一个重要机构就是市行政机构。瑞典的郡以下设市，市政府下设许多地方机构，其中环境保护与公共健康委员会（工作人员有1500多人）负责环境保护和公共健康事务。同时，在国家公园的管理中，当地社区和组织在利益相关者沟通和协商中发挥着基础性的作用。

同时，瑞典林业局（Swedish Forest Agency）是瑞典农业部下设的国家机关，是政府在森林及林业政策方面的专业权威机构，负责有关森林管理方面的事务。瑞典林业局设有办公室，下设5个区域和43个地区（一个例外：Gotland岛的林业问题由县行政委员会主管）及120个当地办事处，工作人员由国家政府任命。林业局负责监督森林法的实施，对特定对象做出要求其履行或禁止履行的命令。在必要时，可以采取强制措施确保命令的实现。对违法行为的制裁常采用经济处罚的方式。但是，值得注意的是，林业局并不负责国有森林的管理工作。除了国家公园以外的国有森林，都由一个名为

Sveaskog 的国有森林商业公司管理。

此外，瑞典有着完善的森林服务机构，主要包括林主协会、森林工业协会、森林协会等。目前瑞典的林业服务机构有 3000 多家，为林主提供信息、决策参考。

（2）公园建立机制

瑞典国家公园由政府和议会指定且必须建立在国有土地上。根据《国家公园规划》，瑞典环境保护局会对满足国家和世界自然保护联盟国家公园标准的、有代表性和独特的区域进行筛选和进一步的研究，收集当地居民的意见，然后由瑞典环境保护局通过区域和地方的协商，充分考虑每一个选择；最后将正式的建议提交给政府，再由政府提交瑞典国会最终决定哪一个新园区可以创建。

2. 资金机制

在资金机制上，瑞典国家公园与自然保护区的建设和管理有一定的差异：其国家公园归国家所有，它的建立必须经过国会审议通过，完全属于公益事业单位，大部分国家公园经费来自国家财政全额拨款，一些国家公园经费来自由中央政府、地方政府、社区共同出资成立的基金。而自然保护区则是由地方政府、社区、企业、教会、慈善团体或个人出资建设和管理，国家鼓励企业和个人建设自然保护区，鼓励对生态环境的保护和建设，地方政府、社区团体给予自然保护区经费上的资助。

3. 经营机制

在经营机制上，瑞典国家公园具有如下特点。

（1）强化持续发展和公众参与

瑞典强化国家公园环境保护，如进入Bla Jungfrun国家公园后，不允许任何人损坏石片以及它上面的苔藓和地衣，不许摘花和采集各种植物，不得靠近鸟巢，不许搭帐篷露宿或篝火，进入该岛要穿上结实的有橡皮底的鞋，等等。

在为后代保护原生态的环境的同时，随着国家公园的发展，瑞典也在逐步拓展它们的作用和目的，现在管理者会同时考虑自然保护、可持续和公平的利用和大众享受大自然美景及娱乐休闲的需要，当然这些都建立在充分参考政府、世界自然保护联盟和当地居民的专业知识和经验之上。国家制定了长期的规划承诺保护、管理和展示这些自然区域，这些都为生态旅游和其他旅游活动的开展和投入提供了很好的基础。

Kosterhavet 国家公园就是一个很好的例子，在自然保护和生物多样性管理方面充分地咨询当地居民的意见并让他们参与其中，一起致力于环境的持久保护和永续利用。瑞典29个国家公园的建立和管理经营在很大程度上推动了大众环保意识的增强，也进一步加深了不同层次参与者和管理者之间的信任与合作。

（2）免费为国民开放

瑞典国家公园和自然保护区都免费为国民开放，为方便民众亲近自然，政府创造了很多便利条件。虽然国家公园是国有的，自然保护区和林区有公有和私有之分，但是，国家法律规定：公众不需申请或付费，有权自由地进入林区，自由露营。

（3）注重环保宣传教育

瑞典国家公园的管理人员属于公务员，基本职责是管护好国家公园的自然环境和生物资源，向游客宣传自然生态保护的重要性，为游客提供需要的各种帮助，进行各种科普实验活动。几乎所有国家公园的管理人员都把主要精力放在对游客的环保教育工作上，他们把旅游观光和宣传教育很好地结合起来，所有公园都建设有宣传教育中心。绝大多数国家公园还建设有资料齐全的游客中心，有专职人员向游客介绍国家公园的资源与环境，并解答有关活动的详情。很多游客中心还配有幻灯片和电影播放设施，提供免费的小册子和地图，让游客索取。

（4）引导发展生态旅游

从旅游的角度看，瑞典国家公园提供了纯自然的原野景致。游人只要遵守森林管理局的条例，便可于其间游览、远足、扎营，而且经过申请许可，并交纳一定的费用，便可以在规定的区域垂钓和狩猎，由此吸引了许多游客的到来。例如，阿比斯库（Abisko）国家公园因位于北极圈往北195km，冬季游客可以在毫无光污染的环境欣赏北极光，公园内还设有多条徒步和攀登线路，公园西部的Mount Nuolja、Tornetr & Aumlisk湖和Lapporten湖的奇光美景以及东南部著名的"U"形山谷尽收眼底，每年都会吸引大批游客前来观光。同时，瑞典国家公园提供的游览项目极具特色且收费合理，如Sarek国家公园的活动就以公众喜爱的徒步、野营、漂流、探险、北极光观赏等为主，价格的高低也取决于活动的类型和时间的长度（表5-3），很好地满足了大众寻求安宁和娱乐的心理，发展效益良好。

表5-3 Sarek国家公园旅游活动类型及价格表

活动	时间和类型	价格
一日游	1天	报价
Sarek直升机观光	15分钟	报价
雪橇旅行	1小时	950克朗
自带雪橇旅行	3小时	1650克朗
狗雪橇观赏北极光	3小时	1350克朗
狗雪橇一日游	6小时	2700克朗
泛舟	1～2人/天	350克朗
帐篷	2人/晚	250克朗
驯鹿探险	1～3小时	440～840克朗
驯鹿远足	3～4小时	850克朗
7～14天国家公园远足	7～14天	报价
山顶 & Sami营地	2天	5450克朗
Lapland野外徒步	4天	6996克朗
狗雪橇探险、观赏北极光	4天	11 500克朗

（续）

（续）

活动	时间和类型	价格
珍珠河漂流	5小时	950克朗
寻找北极光	4小时	750克朗
雪猫观光	2小时	750克朗
雪地摩托	2小时	1200克朗
驯鹿牧人的一天	2小时	810克朗
Saltoluokta雪屋度假	4天	7095克朗
野外露营	5天	4800克朗

（5）森林私有化程度较高

瑞典森林的所有制分为公有林和私有林，公有林包括国家所有以及教堂和地方社团所有。私有林占绝对优势，又可分为公司所有和私人所有，又称公司林和非工业私有林。在具体数据上，瑞典林地51%为私人所有，25%为公司所有，7%为大学、教会等公有，国家拥有17%（表5-4），国家所有的林地由一个独立的国有公司经营。私有林主大约35万个，林主平均拥有林地45hm²。因此瑞典森林的私有化程度较高，拥有明晰的产权和长期稳定的制度保障，瑞典国家森林公园主要建立在原国有林区内，少部分采用向私有林主长期租用林地方式。对于有重要价值的林木、野生动物资源、湿地等，则由国家全资赎买后建立国家森林公园。

表5-4　瑞典森林所有权表

权属	种类	所占比例	分布
公有林	国家所有	17%	北部地区（条件较差）
	其他公有林（教堂和地方社团公有林）	7%	
私有林	个人所有	51%	中部和南部地区（条件较好）
	林业公司所有	25%	

第六章

澳大利亚
国家公园体制

一 澳大利亚国家公园的发展历程与现状

1. 澳大利亚国家公园的发展历程

澳大利亚是世界上面积第六大的国家，气候形态多样，地形多变，因而生态系统和生物多样性都极为丰富。澳大利亚也是世界上最早划设国家公园的国家之一，其国家公园发展历程经历了如下几个阶段。

（1）1866-1900年：第一个公园体系建议

澳大利亚对重要自然现象的保护是在19世纪早期，以殖民统治者把第一块殖民地附近风景怡人的河岸单独从占领地中保留出来为标志。这一趋势在19世纪中期得以继续，当时政府的土地调查人员建议在山洞、瀑布、山崖等处建立公共保护区。

第一部涉及风景区保护的法律于1863年在塔斯马尼亚诞生。但早期对边远地区的保护主要集中在南威尔士，在那里一个占地$2.02 \times 10^3 km^2$的保护区于1866年在杰罗兰洞穴（Jenolan Caves）建立。另一个供公众娱乐并提供水源的保护区于1872年在班戈尼尔（Begonia）建成，后来称作"大峡谷"。维多利亚一家位于塔山死火山口的公共公园也于1866年建成。

随着一系列更受欢迎的娱乐保护区在几块殖民地主要城市附近的自然乡野成立，自然保护这一概念在19世纪得到了根本性的发展。第一次公报公布的是位于艾里扎（Eliza）山的一个$175 km^2$的保护区，影响更加深远的是1879年4月26日将悉尼以南26km的一块王室土地辟为国家公园，这似乎是世界上第一次正式将保护区命名为"国家公园"，并为了国家公园的目的而保留。但它直到1955年才成为皇家国家公园，受王室土地法保护。

20年内其他殖民地也提议要建立国家公园，其中包括南澳大利亚在贝内尔（Belair，1891年）建立的国家公园，西澳大利亚占地$6.5 \times 10^4 km^2$的班里斯特（Bannister）河动植物保护区（1894-1907年）和维多利亚在威尔森海角建立的国家公园。

随着南威尔士（1894年）和西澳大利亚（1895年）有关国家公园法案的通过，产生了管理保护区的委员会，从而使对单个公园有效管理的可能性大为提高。

澳大利亚科学发展协会于1893年提出了最适于建立国家公园的地区名单，其中包括弗雷泽岛和弗锐塞尼特半岛，这是有关建立澳大利亚公园体系的第一个建议。

（2）1901−1955年：奠定基础

到了20世纪，澳大利亚已拥有许多风格独特的公园和保护区，这些公园和保护区或由特定的委员会管理，或在土地勘测部门的控制之下。为使国家公园平衡发展，市民进行了大规模的运动，要求在塔斯马尼亚的弗锐塞尼特（Freycinet）山等地建立国家公园。但1901年殖民自治区联合成澳大利亚联邦的6个州后，各州拥有对各自土地和水资源的控制权，因此若要继续发展公园体系就必须以州为基础。6个州和北方自治区有它们各自的立法机关，大多数澳大利亚国家公园和自然保护区是在州或北方地区法令的控制之下，由各自的政府部门来管理的。堪培拉所在的澳大利亚首都地区受联邦政府法令控制，但1989年也成立了自治政府。

澳大利亚仅有4个国家公园是依照联邦法律建立，并由澳大利亚国家公园野生动植物局管理的。但是高级法庭承认联邦世界遗产保护法令的有效性，因而联邦政府有权保护各州和北方地区范围内现有的或拟建的世界遗产地。

1906年，昆士兰州通过森林及国家公园法令，为建立第一个州立公园体系铺平了道路。该体系在林业部的控制之外，最初的威切斯（Witches）瀑布和班亚（Bunya）山国家公园都于1908年建立。

面对农业和伐木业的竞争，1915年在昆士兰州宣告成立了拉明顿（Lamington）国家公园，这是大力兴建国家公园新的开端。因为拉明顿国家公园的建立，一改往日以人为中心的观念，而是更加重视自然保护的价值。

1915年塔斯马尼亚制定的风景区保护法令对建立风景保护区体系作了详细规定，该风景保护区体系由一个特别的自然保护机构——风景保护委员会负责。依此法令所建的风景保护区有：建于1916年的菲尔德（Field）山国家公园和弗锐塞尼特国家公园。其中菲尔德山国家公园的建立是由于国家公园协会强烈呼吁的结果，而且政府同时也看到了它将给旅游业和公园附近即将开通的铁路所带来的利益。

其他各州并没有跟随昆士兰与塔斯马尼亚的立法动议，因此尽管1916年至20世纪50年代中期公园和保护区的数目稳定增长，而有关法律基本没有多大变化。由于迈尔斯·邓芬和1932年成立的国家公园与保护区委员会工作的成果，南威尔士公园和保护区体系飞速发展，但当时公园仍旧是在土地部门的全部控制下。

迈尔斯·邓芬系统地提出了许多有关公园发展的建议，并在澳大利亚首先提出了原野区这一概念。1931年，他注意到国家公园内的公路对公园所造成的威胁，并且在了解到美国林务局关于原野区保护方面的进步之后，提出了南威尔士一个单独的原野分类，1934年建立了澳大利亚第一个原野保护区。

由于娱乐活动对国家公园造成的压力过大，1948年澳大利亚出台了动物保护法令。该法令更加强调保护区的科学价值和动物栖息地的保护，但科学家及动物研究团体进入保护区并不受该法令的限制。

南澳大利亚也于1937年成立了动植物顾问委员会，负责一系列在艾尔湖和林肯半岛新建的桉树矮林—金雀花灌丛保护区的工作。随着1952年西澳大利亚由动物保护顾问委员会来管理动物保护区的工作，西澳大利亚的自然保护区系也开始形成了。

（3）1956-1974年：合并和系统化

尽管昆士兰和塔斯马尼亚为引进控制公园的中央系统早期曾采取过一些行动，但由于缺乏中央协调，其基本模式直到20世纪50年代中叶才形成。然而此时，在公众心目中保护区仍是作为独立的单位存在的，而并未把它当作州公园体系的一部分来看待。到1956年维多利亚国家公园法令出台后，公众对国家公园的观念才有所转变，并依此法令建立了国家公园机构，负责管理13家国家公园。10年后，南澳大利亚成立了国家公园管理委员会，到1972年已有90多家公园由该委员会来控制。同年，对此法令作修改，确立了"国家公园"、"保护公园"、"娱乐公园"分类。

南威尔士曾在澳大利亚率先建立了国家公园，随后又率先成立了国家公园和野生动植物局。随着公众对公园政策不断提出批评意见，1967年又颁布了国家公园和野生动植物法令，依照该法令，国家公园和自然保护区的管理被纳入国家公园和野生动植物局的工作，并第一次对原野区域进行了分区。该机构后来成为其他州效仿的模式。

当国家公园和野生动植物局取代原风景保护委员会时，大部分地区的这种转变都是在平静的气氛中发生的，但塔斯马尼亚却是在遭到公众强烈抗议后才发生的。昆士兰国家公园和野生动植物局的建立也可看作是公众自然保护意识提高的结果，这一点在1969-1974年间公众反对在可洛拉（Coolum）沙滩筛选矿砂计划的过程中得以充分体现。

西澳大利亚则保留了两套体系。1956年州花园管理委员会更名为国家公园管理委员会，1976年又改称国家公园管理处。大多数大型公园都是在20世纪60-70年代成立的，到1981年国家公园管理处已管理着$4.36 \times 10^6 km^2$的土地。1967年西澳大利亚野生动植物管理处取代了动物保护顾问委员会，它与渔和野生生物部的野生动植物部门共同管理着$9.88 \times 10^6 km^2$的土地，其中包括位于东部和北部的大型自然保护区。到了1985年，有关公园和野生动植物的事项又开始由一个新的部门——土地管理保护部来负责。

维多利亚也逐渐加强了对公园和野生动植物的管制，建于1970年的国家公园局于1972年与渔和野生生物部一起并入了保护部。1958-1972年间，依土地法令的规定野生动植物保护区由渔和野生生物部负责。1975年，为了建立野生动植物保护区体系，开始采用一部更系统的野生动植物法令。从1983年开始，维多利亚管理国家公园和野生动植物的职责均合并由一个新的森林土地保护部来控制，并且政府也准备从法律上加强对公园和野生动植物保护区方面的管理。

北方地区的公园及动植物管理委员会首先于1978年合并成为国家公园和野生动植物局，后又于1980年改为保护委员会，但它对区域控制的程度受到几部野生动植物法令的约束。

（4）1975-1986年：国家法令的产生

由于1971-1974年间挽救佩德（Bedder）河国家公园不被淹没未获成功，从而促使高夫·惠特兰（Bough Whitlam）新政府在自然保护的进程中充当了同盟的角色并先后出台了一系列法案。其中包括：1974年通过的《环境保护法案》，1975年通过的《大堡礁海洋公园法案》、《澳大利亚国家公园和野生动植物保护法案》和《澳大利亚遗产委员会法案》。1976年联邦政府还利用其权利禁止从弗雷泽岛出口矿砂。

10年后，惠特兰政府提议授予联邦政府保护国家遗产的权利，阻止州政府对这些遗产造成损坏。当时联邦政府正因一个在西南地区发展水电站的计划而头痛。该计划已对佩德河造成了破坏，现在又威胁着戈登河下游和富兰克林河峡谷。这一地区已被建议列入世界遗产名录，而当新的州政府宣布在这里发展水电站计划时，忘记了申请撤销世界遗产提名。因此当1982年12月塔斯马尼亚西部的3个国家原野公园被列入世界遗产名录时，新的联邦政府对其执行世界遗产保护法案，禁止修建水电站，这一决定亦得到了法庭的支持。

澳大利亚的其他一些地区也于1981-1982年间被列入世界遗产名录，其中包括豪勋爵岛、大堡礁。另一方面，联邦政府不顾强大的公众压力，提名将北昆士兰的热带湿地作为遗产地，以阻止该区进行的破坏性道路建设和伐木。

（5）1987年至今：进入良性发展的轨道

随着国际保护区运动的进一步开展，澳大利亚开始认识到保护区的建立和管理，同样需要一个网络体系。1996年，联邦政府联合各州、领地政府，在自然遗产基金下，开始执行国家保护区体系计划。经过几年的发展，国家保护区体系的概念取得了长足的发展，最后终于转化为全面的、合适的和有代表性的保护区标准。

在这阶段，国家公园作为保护区体系的一部分，国家公园事业被纳入社会事业范畴，每年国家投入大量资金建设国家公园，不以盈利为目的。国家公园范围内的一切设施，包括道路、野营地、游步道和游客中心等均由政府投资建设。国家建立了自然遗产保护信托基金制度，用于资助减轻植被损失和修复土地。以维多利亚州为例，国家公园局每年预算为1.15亿澳元，主要来源是政府财政拨款和市政税收，本身的经营收入仅为1000万澳元。而在新南威尔士州，国家公园旨在永久性地服务于公众娱乐、教育和陶冶情操，所有与基本管理目标相抵触的活动一律禁止，以便保护其自然特征。昆士兰州国家公园则尽可能地维持其自然状态，最大程度地利用乡土动植物物种，保护具考古和历史价值的地点和物品，没有部长的书面允许，不能引进外来动植物物种。

2. 澳大利亚国家公园的发展现状

目前，澳大利亚全国有516个国家公园已根据联邦和州的立法办理了登记注册，此外还有2700多个指定的保护区分布在全国各地，它们包括动植物保护区、保护公园、环保公园、土著地区以及国家公园，这些都受到联邦和州的法律保障。澳大利亚还有145个海洋保护区，其面积将近3800万hm^2，它们既有像大堡礁那样庞大的国家海洋公园，也有鱼类栖息保护区、鱼类禁捕区、水生动植物保护区、保护地、海洋公园以及海洋和海岸公园。这些国家公园不仅为人们提供了社会性娱乐和消遣的惬意场所，还具有相当的自然和文化价值。

国家公园的建立，不仅以法律形式有效地保护了天然林，而且推动了澳大利亚生态旅游业的迅速发展，使之一跃成为增幅最大的支柱产业。现在，生态旅游所提供的就业机会占澳大利亚全国总就业机会的12%，每年创造经济效益近400亿澳元。开展生态旅游已成为澳大利亚国家公园的主要活动，公园管理人员的主要职责之一就是旅客管理。

二　澳大利亚国家公园的概念和选定标准

1. 澳大利亚国家公园的概念

在澳大利亚，国家公园是以保护和旅游为双重目的的面积较大的区域，建有质量较高的公路、宣传教育中心以及厕所、淋浴室、野营地、购物中心等设施，尽可能提供各种方便，积极鼓励人们去旅游。

2. 澳大利亚国家公园的选定标准

澳大利亚国家公园的入选标准包括如下三方面：

①区域内生态系统尚未由于人类的开垦、开采和拓居而遭到根本性的改变，区域内的动植物物种、景观和生态环境具有特殊的科学、教育和娱乐的意义，或区域内含有一片广阔而优美的自然景观；

②政府权力机构已采取措施以阻止或尽可能消除在该区域内的开垦、开采和拓居，并使其生态、自然景观和美学的特征得到充分展示；

③在一定条件下，允许以精神、教育、文化和娱乐为目的的参观旅游。美丽的山景、河景、湖景、海景，甚至人工水库建景，皆可大量规划、保护、发展成美丽的国家公园，吸引各地人士前往欣赏旅游。

三 澳大利亚国家公园的法律体系

1. 澳大利亚国家公园法律体系介绍

为了更好地保护自然资源和自然景观，澳大利亚自1863年在塔斯马尼亚通过了第一个保护区法律以来，先后出台了一系列法律法规为国家公园提供法律保障，如1891年，南澳大利亚州公布了国内第一部有关国家公园管理的专项法规《国家公园法》。其后，西澳大利亚州于1895年、昆士兰州于1906年分别颁布了各自的有关国家公园管理和野生生物保护管理的专项法规等。特别是20世纪50年代以来，澳大利亚频频出台有关保护自然环境和自然资源的法律法规，包括《环境保护法》（1974年）、《国家公园和野生动植物保护法案》（1975年）、《澳大利亚遗产委员会法案》（1975年）、《鲸类保护法》（1980年）、《世界遗产财产保护法》（1983年）和《濒危物种保护法》（1982年）、《环境保护和生物多样性保护法》（1999年）、《环境保护和生物多样性保护条例》（2000年）等，逐步建立起了比较健全的国家公园保护管理的法律体系，对自然资源的恢复和发展起到了重要的推动作用，特别是1999年颁布的《环境保护和生物多样性保护法》，成为全国生物多样性保护领域的基本法。

除了澳大利亚联邦政府颁布的法律外，澳大利亚各州也根据自身情况颁布了多部国家公园方面的法律法规，为国家公园的建立及保护提供了法律依据。例如，塔斯马尼亚州政府颁布了《荒地法》、《皇家土地法》。新南威尔士州颁布了《保护委员会法》（1980年）、《领地公园与野生生物保护法》（1980年）、《科博半岛土著土地与庇护地法》（1981年）、《渔业法》（1988年）等。昆士兰州有1930年的《乡土植物保护法》、1975年的《国家公园与野生生物法》、1962年的《动物保护法》、1962年的《土地法》、1959年的《林业法》、1982年的《昆士兰海洋公园法》、1976年的《渔业法》、1991年的《土著土地法》、1991年的《托雷斯海峡岛屿居民土地法》、1992年的《自然保护法》等等。

除积极立法外，澳大利亚还十分重视在法规的实施过程中根据情况的变化和管理工作的需要修改法规，以联邦政府的《国家公园和野生生物保护法》为例，从该法颁布到1987年已修改了12次，基本上每年都要有所修改，1978年和1979年每年更是修改两次。实践证明，经修改的、与实际情况和保护管理工作需要比较符合的法律，对国家公园和野生生物保护管理工作起到了促进作用。

2. 澳大利亚国家公园核心法规辑要

（1）联邦政府层面的核心法规辑要

①《澳大利亚联邦宪法》规定，澳大利亚6个州自行管理其领地。联邦政府对各州土地并无直接管辖权，但对澳大利亚的领海、6个海外领地以及位于新南威尔士州的杰维斯湾领地拥有直接管辖权，并参与诺福克岛领地、首都直辖区和北领地某些事务的管理。在保护区管理方面，澳大利亚联邦政府根据宪法赋予的权利行使职责，例如，对外代表国家签订国际协定，履行国际义务，对内负责处理土著居民事务，促进各州、地区之间的合作与沟通。

②依据《国家公园与野生生物法》，成立了联邦国家公园与野生生物署（National Park & Wildlife Service），现隶属环境部。国家公园与野生生物署对澳

大利亚的领海、6个海外领地以及杰维斯湾（Jervis Bay）领地享有直接管辖权，并参与诺福克岛（Norfolk Island）、北部领地以及首都领地部分事务的管理。

③《环境保护和生物多样性保护法》对保护和管理具有国家或国际重要意义的植物、动物、生物群落及遗产地做出了明确规定。

（2）州政府层面的核心法规辑要

①在塔斯马尼亚州，《皇家土地法》对无人经营的土地实行保护。

②在新南的威尔士州，根据1974年的《国家公园与野生生物法》成立了国家公园与野生生物咨询委员会，负责建立和管理国家公园及自然保护区；根据1987年的《原野法》建立原野地、1916年的《林业法》建立植物区系保护区、1979年的《渔业与牡蛎修正法》建立水域保护区；1980年的《保护委员会法》、1980年的《领地公园与野生生物保护法》、1981年的《科博半岛土著土地与庇护地法》、1988年的《渔业法》等对保护地的建立和管理做出了相应规定。

③在北领地，《保护委员会法》（1980年）规定了保护委员会的组成与职能；《领地公园与野生生物保护法》（1980年）、《科博半岛土著土地与庇护地法》（1981年）、《渔业法》（1988年）则对保护区的建立和管理做出了相应规定。

④在昆士兰州，《乡土植物保护法》（1930年）、《国家公园与野生生物法》（1975-1984年）、《动物区系保护法》（1974-1985年）、《土地法》（1962-1986年）、《土地修正法》（1973年）、《林业法》（1959-1987年）、《昆士兰海洋公园法》（1982年）、《渔业法》（1976-1989）年、《土著土地法》（1991年）、《托雷斯海峡岛屿居民土地法》（1991年）、《自然保护法》（1992年）等分别对各类保护区的建立和管理做出了规定。

四　澳大利亚国家公园的管理模式

1. 管理机制

由于澳大利亚特殊的政治体制及其宪法架构，澳大利亚国家公园的管理采用了分级主管的模式，联邦政府和各州政府分别由相关部门进行分级主管，层次分明（图6-1）。

澳大利亚国家公园的日常管理事务主要由国家公园和野生动物顾问委员会（简称NPWS）负责。委员会在联邦政府和各州政府均有常设机构，主要负责制订日常的工作计划；和保护区内土著居民开展联合保护、开发等合作项目；制订生物多样性保护计划与实施措施，确保物种不再减少；动员与支持社会团体与民间生态保护自愿者参与国家公园建设与野生动植物保护工作；对公园内的森林火险及时进行预防与警报。他们规定，在项目实施前，必须经过有关专家的讨论与论证，制订出切实可行的工作计划。项目完成后，NPWS组织专门人员进行检查与审核。对于完成不好的项目，追究有关责任人的责任。前一个项目没完成好之前不安排下一个项目。

澳大利亚联邦政府设有两个主管国家公园和野生生物保护管理的机构，一个是大堡礁海域公园管理局，另一个是澳大利亚国家公园和野生生物管理局，两个局的级别相同，但大堡礁海域公园管理局的权限仅限于在昆士兰州东部的大堡礁海域的国家公园、保护区管理和野生生物保护管理。澳大利亚国家公园和野生生物管理局则负责管理全澳联邦政府权限内的国家公园、自然保护区管理和野生生物保护管理，其主要职责可简单归结为以下几点：①拟订、修改和实施联邦政府有关国家公园和野生生物保护管理的政策和法规；②负责全国鸟类的管理工作；③负责澳大利亚濒危野生动植物种的保护和研究，管理全国野生生物及其产品的进出口工作；④负责管理联邦政府权限内（除首都地区和大堡礁区域外）的国家公园、自然保护区和野生生物保护的工作；⑤签订和履行有关国家公园和野生生物保护管理的多边和双边的国际公约和协定；⑥协助各州、地区发展自然保护事业。各州、地区的自然保护机构情形不一。

澳大利亚联邦政府在自然保护方面对全澳各州、地区的协调和指导，是通过"自然保护州长委员会"进行的。这个委员会是1974年根据联邦政府总理与各州州长的协议成立的。委员会的成员主要是各州、地区主管自然保护工作的州长、联邦政府主管自然保护工作的部长和主管联邦科学研究院的部

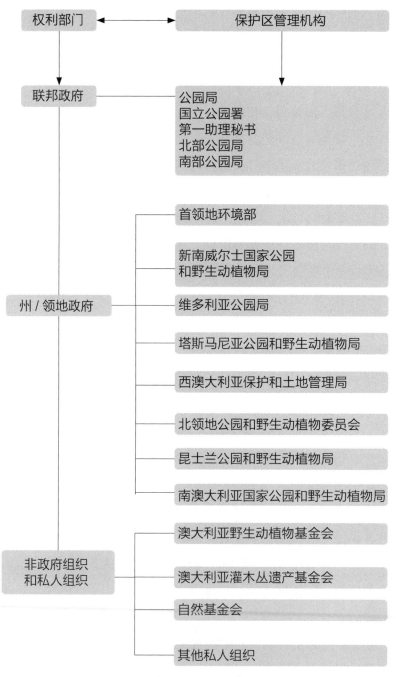

图6-1　澳大利亚保护区管理机构

长等，是全澳自然保护方面协调工作的最高形式。该委员会每年举行一次会议，讨论研究全澳特产野生动植物物种、濒危物种和自然生态系统保护管理的政策性问题，制定全国自然保护工作的发展政策和规划。该委员会下设若干专家工作组，由澳大利亚国家公园和野生生物管理局的技术人员为项目负责人，各有关州、地区科研机构的科研人员和管理机构的管理人员参加。到目前为止，已设20余个专家工作组，从事各项专项自然保护问题的调查研究。例如，袋鼠管理工作组调查、研究全国各种袋鼠的分布、种群动态、管理策略等。向自然保护州长委员会提交报告。各专家工作组一般每年召开1~2次会议。

与美国、加拿大和新西兰一样，澳大利亚国家公园与自然保护区的自然环境得到相对来说较高水平的保护。澳大利亚所拥有的可利用资源虽不是丰富之极，但是也能让许多发展中国家望尘莫及。然而与许多发达国家相比，澳大利亚的公园体系还远未形成。长期以来，因过分强调建设新公园，结果忽略了对现有公园和保护区的管理。另外还有两个对公园未来前途造成重大威胁的因素：一是采矿业、木材业和畜牧业的利益对公园的扩大造成严重的阻碍；二是盛气凌人的矿业部门仍旧试图进入已被划为公园的土地上采矿。

2. 资金机制

在澳大利亚，国家公园事业被纳入社会范畴，其建设资金主要由联邦政府专项拨款和各地动植物保护组织的募捐组成，其中联邦政府的专项拨款是主体，每年国家投入大量资金建设国家公园，国家公园范围内的一切设施，包括道路、野营地、游步道和游客中心等均由政府投资建设。在维多利亚州，国家公园局每年预算1.15亿澳元，主要来源是政府财政拨款和市政税收，本身的经营收入仅为1000万澳元。同时，在澳大利亚，开展生态旅游所得的资金并非用于工作人员的报酬，而是等同于国家拨款，有专门机构负责，公园不参与管理。此外，澳大利亚还建立了自然遗产保护信托基金制度，用于资助减轻植被损失和修复土地的活动。

3. 经营机制

澳大利亚国家公园的经营具有如下特点：

（1）实施所有权与经营权相分离的经营方式

在澳大利亚，国家公园采取所有权与经营权相分离的经营方式，国家公园不搞盈利性创收，其职责主要是执法、制定国家公园管理计划、负责国家公园基础设施建设和对外宣传、监督经营承包商的各种经营活动等，以保护好公园内的动植物资源和环境资源。相关的经营活动由企业或个人经营，澳大利亚维多利亚州国家公园局规定，凡是具备公共责任险（投保1000万澳元以上）、拥有急救设施条件的企业和个人就可取得在国家公园内经营某项活动或景点12个月的经营权，若想取得更长时间的经营权，需符合更严格的条件和标准，由国家公园局负责核定和发放经营许可证。经营承包商的职责是在不违背"合约"的前提下改进服务、加强管理、提高效益，国家公园局负责对其进行监督、管理。

（2）强化自然生态环境保护

在澳大利亚，国家公园对所有人都开放，但严禁破坏公园内的动植物资源，严禁污染水源、破坏环境，违者将受到严厉的惩处。在新南威尔士州，国家公园旨在永久性地服务于公众娱乐、教育和陶冶情操，所有与基本管理目标相抵触的活动一律禁止，以便保护其自然特征。在昆士兰州，国家公园尽可能地维持其自然状态，最大限度地利用乡土动植物物种，保护具考古和历史价值的地点和物品。没有部长的书面允许，不能引进外来动植物物种。

（3）适度发展生态旅游

在保护的基础上，澳大利亚也适度开发生态旅游业，其国家公园分为完全保护区和可供游人参观游览区，在520多个国家公园中，约有40%的国家公园可供参观、旅游，这些向游人开放的国家公园大多是生态作用一般，具有旅游、疗养、休闲娱乐功能的海滨风景地区及半干旱草原风景区，在不破坏自然资源的前提下可在这些地区搞适度旅游开发。同时，为有效协调保护与开发的关系，澳大利亚还在全国范围内普遍推行自然和生态旅游证书制度，这种认证制度根据不同情况，将所开展的旅游分为3种类型，即自然旅游、生态旅游和高级生态旅游，是世界首创，目前，全澳已有237种（处）旅游产品、旅游设施被授予证书。

（4）重视环保宣传教育

澳大利亚十分重视对公众特别是青少年进行热爱和保护自然环境的宣传教育，保护森林、保护自然的观念深入人心。国家规定，中小学生每年要到国家公园、自然保护区的教育中心活动1～2个星期。教育中心通过电影、电视、幻灯、标本、模型、挂图、讲课及现场参观、野营等形式，对他们进行大自然保护的教育。澳大利亚在社会上的宣传也很广泛，宣传教育是每个参观国家公园的游客的游憩内容之一，其途径主要是解说、展示和宣传手册，几乎到处都有保护大自然和动植物的宣传画和印刷精致的宣传材料。现在澳大利亚上下对自然环境保护有一致的看法，即现代化的国家不能没有现代化的环境。在这种以保护国土、爱护自然环境的社会文明教育下，澳大利亚处处都整洁干净。

第七章

新西兰国家公园体制

一 新西兰国家公园的发展历程与现状

新西兰的主要岛屿位于南纬34°～46°间，在其最近邻国澳大利亚东南方向约1900km处。全国有330万人口，其中35万为毛利人，他们的祖先是1000多年前居住于这些岛上的新西兰土著波利尼西亚人。随着新西兰在150年前成为欧洲人的殖民地，并伴随土地的农业和住宅开发，其景观被迅速改变。

1. 新西兰国家公园的发展历程

依据洛克的划分，新西兰国家公园系统的发展可分为3个阶段。

（1）第一阶段："征购时期"（19世纪90年代至20世纪20年代）

促使征购土地并逐步建立公园的动机必须置于当时所处的社会和经济大背景下来考察，在加速保留地体系形成过程中发挥主要推动作用的不仅有重要的个人和团体的影响，而且有中央政府的作用。

毛利人的传统对新西兰公园体系发展具有极大的重要性。对毛利人而言，与土地的关系具有深刻的精神意义。在他们的宇宙观中，天和地是世界最初的父母，一切自然现象都是他们的孩子。地球母亲的子孙包括所有的动植物及河流、湖泊、大海、山脉和其他地形，所有的自然事物和自然现象都能在他们的创世观中得到解释。毛利人收获（开发利用）地球母亲的孩子（鱼、林产品）都要求严格注意仪式的细节，违反规定是不可想象的，即使对无生命的物体也是如此。因此，毛利人能理解和解释他们与自己所生活的世界的关系。这种信仰体系为新西兰保护区的管理奠定了坚实的基础。

新西兰的第一个保留地是根据英国王室的御旨于1840年设立的，设立的主要原因是有利于满足港口、船坞和建筑用地需要等政府目的。1877年的《土地法》规定可以为林木生长和保护而建立保留地，但这种保留地并不是为了生态目的，而是为了生产或为未来利用而保护。

1887年新西兰获得了第一个国家公园的土地。对当地毛利人来说，这片位于北岛中部的火山顶中心是一个神秘的地方，将这块神秘的土地瓜分或支离是不可思议的，而将其作为国家公园加以永久保护才是维持祖先遗留的土地不受侵扰的途径。在毛利人信仰中把山脉的生命等同于人，这与国家为了建立一个新西兰国家公园体系而把大面积区域作为一个公园加以正式保护这样一种西方概念是相联的。

但直到1894年，这片神秘的地方才依照议会的法案正式成立汤加里罗（Tongariro）国家公园。此前的法律（1892年的土地法）只同意设立风景保留地和动植物群落保留地，1900年议会的一项专门法案批准建立了埃格蒙特（Egmont）国家公园。此后的另一法案于1929年批准建立了亚瑟隘口（Arthur's Pass）国家公园，其实计划作为亚瑟隘口国家公园的近61000hm²土地已于1901年辟为一处国家公园保留地。1905年菲奥兰德的900000hm²土地得到保护，到1952年逐渐变成了新西兰最大的国家公园（超过120万hm²）。

（2）第二阶段："维持或看守"阶段（20世纪30－40年代）

在这一阶段，公园管理基于日常事务，专职人员很少或根本没有，但外部对公园的压力也很小。汤加里罗火山之所以能成为公园而加以保护，是因为毛利人要确保不会因为对山峰的支离或不适当利用而失去或淡化他们的神秘山峰和他们所继承的精神价值。建立埃格蒙特国家公园的根本原因主要是担心塔拉纳卡（Taranaki）山上森林的消失对低地的影响。土地的主要用途是农业，而政府致力于开发能维系家庭单元的小块土地，因此许多保留地是被认为不适宜居住或开发的土地。为纪念荷兰航海家A.J.塔斯曼（他于1642年成为访问新西兰的第一个欧洲人），1942年建立了阿贝尔·塔斯曼国家公园，这个公园包括壮观的岩石海岸线、金色的沙滩和具有植物学价值的残余海岸植被。

到20世纪40年代后期，已是新西兰的全部公园和保留地形成和发展主要时期的最后阶段，共建立了以风景或自然保护为目的的4个国家公园和1300多个保留地。这些成绩的取得来之不易，因为从1880年到1950年的整整70年间，其显著特征是经济与政治的不稳定，建立国家公园的原动力主要来自于个人和团体如联邦登山俱乐部，或在某些情况下来自于土地管理机构中的公务员。

（3）第三阶段："管理阶段"（19世纪50年代至今）

这一阶段是朝着土地利用规划和科学地远景评估发展的。目前，这两个方面指导着公园和保护区的发展。

1952年前，管理国家公园活动的法律至少来说是零乱的，它仅仅推测某些保留地是否真正是国家公园，而另一些保留地是否应该成为国家公园。尽管已经制定出某些明确的公园管理准则，但在法律中却没有得到充分的表述。

1952年新的《国家公园法》清楚地表明了国家公园的两项密切相关的职责：首先是发挥保护作用，其次是满足人民的休闲娱乐和精神需求。随着1952年法案的通过，使已经按照国家公园进行管理的大片面积地区顺利地迅速合法化。菲奥兰德和库克山国家公园分别于1952年和1953年批准成立，尤瑞瓦拉国家公园、尼尔森湖国家公园、西部泰普提尼国家公园和阿斯帕林山国家公园分别于1954年、1956年、1960年和1964年批准成立。豪拉基湾海洋公园于1967年建立，随后建立了马尔伯勒海湾（Marlborough Sounds）海洋公园和岛湾海洋与历史公园。如果不将海洋公园考虑在内，23年后（1987年）才新增了另外一处国家公园。在此期间，新西兰已经经历了一个与环境全面协同发展的过程。来自于休闲主义者、旅游者、开发者、环境主义者和保护主义者的压力都发挥了各自的作用。

在20世纪70年代到80年代这10年内，整个保护和利用途径已经发生了巨大变化。导致这种变化的因素很多，但其中重要的因素是土地与测绘部、新西兰林务局等主要土地管理机构和新西兰皇家森林和鸟类保护协会、原始森林行动理事会等环保宣传游说志愿团体和组织的专业化程度的提高。

鉴于土地与测绘部管理国家公园的首要目标是保护，其次才是休闲娱乐，林务局建立了一个多用途的森林公园系统，其中许多具有国家公园的规模与质量。这两种类型的公园平行发展。历史上的森林公园不能满足自然保护区的严格要求，但随后保护管理的结构变化已经将许多森林公园纳入了国家公园和保留地的管理范围。相对国家公园政策而言，森林公园的管理范围和性质要求详细具体，但任何迫使国家公园和森林公园采取同样管理方法的企图都是值得注意的。把握管理方式上的异质性似乎是一条更正确的途径，并且在保护需求至高无上的地方，能采取更坚定的措施。

20世纪80年代，可以看作是一个成年期。在过去的10～15年，保护团体已日益成长壮大为有组织的政治游说者，他们做了大量的工作，使公众集中注意到现有保护区域的生态代表性还不充分，同时还认为有必要进一步划出土地加以保护。直到1987年，中央政府提出了几个扩大公园或建立新公园的提议。

1987年建立的旺加努伊国家公园具有很高的景观和科学价值，由于所涉及土地的大部分已经归皇室所有，因此在公园建立过程中未遭到利益集团的明显反对。而1987年12月正式开放的新公园——帕帕罗瓦（Paparoa）国家公园在建立过程中则充满了多方讨价还价直至妥协，最终在公园边界外保留了重要的矿区和厂区。因此，帕帕罗瓦国家公园成为妥协共处与合作的新纪元的象征。这个时期要求通过类似的公众和政治参与，在适当考虑资源保护和开发的长期目标而非短期经济利益的前提下来运作剩余的珍贵自然环境。

现有的公园和保留地系统尽管综合全面，但严重偏向于高地和森林景观，因此不能充分反映新西兰自然环境生态多样性的真实情况。过去几年里，在科学基础上形成了一个新的自然保护区域计划（PNA），其目标是扩大现有系统的地理和生态范围，保护所有主要景观及其有关生物区系的代表性样板，尤其强调保护那些以前广泛分布而目前迅速减少和消失的生境，主要包括低地森林、红树林、湿地和草丛草原，其中低地森林是全国最丰富和最复杂的自然生态系统，而且包含大部分的珍稀濒危生物群；红树林处于全世界红树林分布的最南端，但由于河口与港湾的农业开垦、城镇工业发展、港口建设和海洋开发已大大减少；湿地由于排水、开渠、转变为人工牧场而大面积减少，当地乡土草丛地由于焚烧、放牧、施肥、播撒引进草种而完全改变。

目前，国际旅游事业的繁荣表明新西兰的公园和保留地是以游人为第一目标的，其面临的挑战是如何在允许为满足人类需求而开展一定水平的人类活动的同时，实现生态复杂性和生物多样性的价值平衡。在自然保护方面，新西兰的公园和保留地具有特殊的国际责任，而且正在进一步理解这种国际职责的范畴与性质。

2. 新西兰国家公园的发展现状

目前，在新西兰的土地上，分布着14个各具特色的国家公园，其中有4座位于新西兰北岛，9座位于南岛，还有1座位于离岛斯图尔特岛上。新西兰国家公园基本情况如表7-1所示。

表7-1　新西兰国家公园基本情况一览表

公园名称 （中文名）	公园名称（英文名）	所属 位置	面积 （km²）	建立时间 （年）
尤瑞瓦拉国家公园	Te Urewera National Park	北岛	2127	1954
汤加里罗国家公园	Tongariro National Park	北岛	796	1887
埃格蒙特国家公园	Egmont National Park	北岛	335	1900
旺加努伊国家公园	Whanganui National Park	北岛	742	1986
阿贝尔·塔斯曼国家公园	Abel Tasman National Park	南岛	225	1942
卡胡朗吉国家公园	Kahurangi National Park	南岛	4520	1996
尼尔森湖国家公园	Nelson Lakes National Park	南岛	1018	1956
帕帕罗瓦国家公园	Paparoa National Park	南岛	306	1987
亚瑟隘口国家公园	Arthur's Pass National Park	南岛	1144	1929
西部泰普提尼国家公园	Westland Tai Poutini National Park	南岛	1175	1960
奥拉基/库克山国家公园	Aoraki/Mount Cook National Park	南岛	707	1953
阿斯帕林山国家公园	Mount Aspiring National Park	南岛	3555	1964
菲奥兰德国家公园	Fiordland National Park	南岛	12519	1952
雷奇欧拉国家公园	Rakiura National Park	斯图尔特岛	1500	2002

同时，国家公园和类似的保护区是阻止本地野生动物及其栖息地进一步消失的战斗堡垒，尽管新西兰的公园和保留地并不是为了保护国家生物区系的代表性样板而建立的，但对于植物而言所达到的保护程度是十分显著的，在新西兰26个主要的植物区中，有14个在国家公园中得到了很好的保护，列入《新西兰红皮书》中的66种珍稀濒危物种中，51种在公园和保留地中有分布。

而且，每年吸引至少800万游人的国家公园和森林公园是新西兰蓬勃发展的旅游业和商业休闲产业的核心，主要的国家公园不仅为地区经济而且为全国经济带来了巨大的利益。在新西兰5个最受欢迎的旅游点中（除主要城市外）有4个在国家公园和保留地内：罗托鲁阿地热区、菲奥兰德国家公园中的海峡、西部泰普提尼国家公园中的冰河和福克斯冰川以及库克山。新西兰的24个滑雪场中有10个在国家公园、森林公园或保留地中。全国主要的步道也在保护区内。

二　新西兰国家公园的概念和选定标准

1. 新西兰国家公园的概念

在新西兰，国家公园是为保留自然而划定的区域，其目的是保护某地不受人类发展和污染的伤害，国际上一直公认属于自然保护区。确切地说是指国家为了保护一个或多个典型生态系统的完整性，为生态旅游、科学研究和环境教育提供场所，而划定的需要特殊保护、管理和利用的自然区域。其国家公园具有三大基本特征：

①区域内生态系统尚未由于人类的开垦、开采和拓居而遭到根本性的改变，区域内的动植物物种、景观和生态环境具有特殊的科学、教育和娱乐的意义，或区域内含有一片广阔而优美的自然景观。

②政府权力机构已采取措施以阻止或尽可能消除在该区域内的开垦、开采和拓居，并使其生态、自然景观和美学的特征得到充分展示。

③在一定条件下，允许以精神、教育、文化和娱乐为目的的参观旅游。

美丽的山景、河景、湖景、海景，甚至人工水库建景，皆可大量规划、保护、发展成美丽的国家公园，吸引各地人士前往欣赏旅游。

2. 新西兰国家公园的选定标准

新西兰国家公园评判需要遵循如下标准：

①一个国家公园必须具有占主导地位的地貌景观或特殊动植物群落，最理想的是还有文物古迹点的配合。

②在国家公园内禁止自然资源的开发，包括农耕、放牧、伐木、打鱼、狩猎、采矿、公共建设（如交通、通讯、动力等）以及住宅、商业及工业用地。当然在某些公园的边界上有村庄、城镇、通讯网及其相关的各种活动。如果这些用地未占公园主要部位或者得到合理安排而不影响公园的有效保护，那么不一定非要把它们从公园范围内划除。

③国家公园的管理是必要的，人们的游乐也是不可避免的。因而在公园内必须有一定范围内的行政管理区和公共旅游区，同时为避免一些利用上的矛盾，对公园进行有效的分区也是必要的，一般分成限制的自然区、管理的自然区和原野区三种，之中还可细分，例如早期人类活动带、文物古迹带或考古专用带等。

④国家公园应当为社会开放，这个目的要同自然保护的职能相结合。在建有道路、旅馆、娱乐设施和办公设施的旅游区和行政区，虽然不强调自然保护，但要把它们对整个公园的影响减小到最低限度。在有可能的条件下，通过在整个公园或公园内的一部分建立原野区来满足社会民众的需要，提供有限的特殊旅游。

⑤一个地区若有下列组合之一者均可成为国家公园。只有原野区；原野区与限制的自然区或管理的自然区或两者均有的结合；上述任何一种区或所有区与旅游区、行政区的结合；上述任何一种区或所有区与一个或几个早期人类活动带、文物古迹带或考古专用带的结合。

⑥一个地区若有下列情形之一者均不能成为国家公园。只有获得特殊批准才能进入的科研保护区；由私人科研机构或国家低层次部门管理，并获得

国家高层次机构认可的自然保护区；一些专门保护区，如动植物群落保护区、体育运动保护区、鸟类禁猎区、地质保护区和禁止保护区等；为发展旅游业，控制工业化和城市化，通过景观规划和探测已建立了娱乐区或公共室外娱乐活动区，并先于生态保护的居民区和开发区。

三　新西兰国家公园的法律体系

1. 新西兰国家公园的法律体系介绍

新西兰非常注重法律法规的完善，截至目前，已建立了包括《国家公园法》、《资源管理法》、《野生动物控制法》、《海洋保护区法》、《野生动物法》、《自然保护区法》等法律法规在内的较为完整的自然生态保护法律体系。通过法律手段，真正给自然生态保护正名，避免因政府管理观念的不同造成生态保护观念的偏差。为了真正发挥法律的作用，由环保部专门负责法律执行过程中的落实工作，起到监督的作用。同时，广大社区民众共同参与生态保护，真正将"垂直与公众参与管理模式"的管理机制作用发挥到实处。由此可以看到，新西兰确实走过一条重视立法，严格执法的绿色保护之路。

2. 新西兰国家公园核心法规辑要

1980年的《国家公园法》对新西兰国家公园的建立、保护和管理作了规定。这项法案在废止1952年公园法的同时，几乎是逐字保留了该法中有关新西兰国家公园的目标和管理准则，其主要内容包括：

（1）法案目标

从新西兰国家利益高度看，把那些有突出质量的风景、生态系统或秀美、独特、有重要科学价值的自然特征作为国家公园加以永久保护。

（2）土地所有权

国家公园中的土地基本上为国有，例外的是尤瑞瓦拉国家公园，其土地是政府向毛利人所有者租用的。

（3）国家公园管理准则

包括如下几方面：①尽可能保持其自然状态；②尽可能消除引入的动植物，同时尽可能保护乡土动植物；③具有考古和历史价值的地点和实物要尽可能地加以保护；④维护其作为土壤、水和森林保护区的价值；⑤公众有进出公园的自由，以便他们能全方位地获得来自大地、森林、峡湾、海岸、湖泊、河流和其他自然特征的灵感、享受、休闲及其他利益。

（4）管理要求

这项法案规定在国家公园内区划经许可才能进入的"专门保护区"、只能步行出入的"原野区"和满足适宜娱乐和公众休闲的"休闲区"。法案中列出了符合国家公园法总体目标的允许开发项目，包括野营地、小屋、旅馆、餐厅和其他建筑或服务设施，公园内唯一许可人居住的是经批准用于满足公园管理及公众利用和享用公园的住所。在汤加里罗、埃格蒙特、菲奥兰德和库克山等较早建立的国家公园中有游人招待所，但在其他公园中则由公园外的城镇提供膳宿服务。

为了运动，过去允许对引进鱼种进行垂钓，但政策禁止在原始水域引入运动垂钓的鱼种。鼓励对引进动物种类开展商业狩猎和休闲狩猎，允许持许可证在不会对公众利用造成限制或危险的时期和地点进行引进动物种类的地面和直升机空中狩猎活动。伐木是特别禁止的，只允许在那些公园管理本身需要或在公园建立前就已存在，然后需分阶段逐渐撤出的地方放养、家养牲畜。

探矿和采矿只有经过广泛的公众协商这一程序后，由保护部部长和矿产部部长一致同意后方可批准。目前不存在也没批准任何重大采矿项目。

在符合国家公园目的的地方要促进休闲与旅游业的发展，重点是开发自然徒步和长途徒步旅行，并为游人提供夜宿小旅店。这些小旅店一般由公园管理机构经营，一部分由持有许可证的私人经营者提供的其他小旅店则作为登山者和滑雪者的基地。

所有的公园都有游人中心，中心有解说性展览和音像节目。在假期，在游人中心和自然徒步或远征徒步途中都有有关的自然节目。在一些公园内有教育用房，但目前主张将其建在公园外面接近公园的地方。鼓励在公园内开展侧重于管理或在公园外难以同样出色完成的研究。

四 新西兰国家公园的管理模式

1. 管理机制

（1）管理机构

新西兰的公共资源管理曾经实行的是国家所有、多头管理的机制。为解决这一问题，1987年4月1日，新西兰政府把原分属林业、野生动物保护和土地管理三大部门管辖的保护职能集中到政府来管，撤消了一些职责单一的管理部门，成立了综合性的和唯一的保护部门——保护部（Department of Conservation）专司保护的职能，这是保护新西兰自然和历史遗迹的主要的中央政府机构。该部的中央机构设在惠灵顿，并成立董事会负责：①土地和动物区系；②受保护的生态系统和物种；③海洋和海岸资源；④休闲、旅游和历史资源；⑤科学和研究；⑥倡导和推广；⑦财政；⑧行政支持服务。保护部还下设地区机构，地区机构在地区范围内开展工作，国家公园职员向地区机构负责。保护部的宗旨是：保护新西兰的自然和历史遗产，供当代及子孙后代长期享用。保护不是为保护而保护，保护是为了利用，保护部根据各种法律进行管理，包括1980年的《国家公园法》、1977年的《保留地法》、1953年的《野生动物法》、1977年的《野生动物控制法》、1971年的《海洋保留地法》及1977年的《伊丽莎白二世法案》。保护部具有强势的管理权利，代表所有新西兰人民，依据国会通过的保护法案所阐述的方向，管理新西兰1/3的国土面积，具体管理14个国家公园、32个海洋保护区、70个保护公园、85个有害物种无控制的岛屿。保护部还具有大量的经费支撑，最近一个年度保护部掌控的经费为2.8亿新元，雇用了1600名全日制员工，分布在全国120个保护地工作。

（2）《国家公园法》的实施管理

新西兰《国家公园法》由处于政策监督层次的国家公园和保留地管理委员会与承担政策执行和日常管理任务的保护部共同实施。由接到通知的公民个人组成的管理委员会在审查讨论公众对国家公园和保留地地区理事会的建议后，提请部长采纳公园总体政策和每个公园的管理计划，管理委员会和理事会都负责检查管理效果。国家公园和保留地管理委员会有10名成员，这些成员由保护部部长根据下列条件任命：①1名根据新西兰皇家学会推荐任命；②1名由新西兰皇家森林和鸟类保护联合会推荐任命；③3名经旅游部与当地政府协商后任命；④4名在公众提名的基础上任命，他们具有有关国家公园和保留地政策和管理方面的专门知识或兴趣，或具有有关野生动物方面的专门知识或兴趣。

由部长任命国家公园和保留地理事会，以管理按地理学划分的各个不同的地区。管理委员会和理事会负责管理国家公园和根据1977年保留地法案为自然保护而划定的保留地。

根据国家公园和保留地管理委员会的建议，部长认为对其所保护的具有国家或国际重要性价值的保留地可以宣布为国家保留地加强保护。其他区域可依据1953年的《野生动物法》作为自然保留地，或依据1987年的《保护法》作为野生动物保护区加以保护。私有土地主也可根据1977年的《保留地法》或1977年的《伊丽莎白二世国家托管法》，按照自愿合约对其地产上的自然区域加以保护。

 链接7

新西兰国家公园的保护管理体系

新西兰国家公园的保护管理体系是在美国的"统一保护管理体系"的基础上，在新西兰生态系统较为脆弱、公众保护意识较强的国情下，形成的"双列统一管理体系"（见图7-1）。

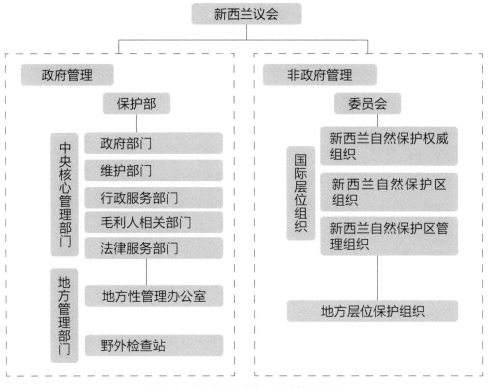

图7-1 新西兰双列统一保护管理体系

新西兰的保护管理最高机构是议会，议会之下分两列管理系列：一列是政府管理，由保护部代表政府直接管理12个中央核心保护管理部门和14个地方保护管理部门，中央核心管理部门主要是在国家范围内，负责政策制定、计划编制、审计、资源配置及一些维护和服务等工作，而地方保护管理部门的分界主要是根据地理和生态特征、地方政府管理等来确定，保护部上对议会负责，下对新西兰公众负责；另一列是非政府管理，公众参与保护并形成一些保护组织。新西兰典型的非政府保护组织是保护委员会，保护委员会由13个代表不同地区和产业的代表组成，这个委员会独立于政府之外，代表公众的利益，负责立法和监督。国家下属的各省（或区）也同样成立省级保护委员会，也是由各利益团体代表组成，具有同样的保护和监督功能。

摘选自：杨桂华，等. 新西兰国家公园绿色管理经验及对云南的启迪. 林业资源管理，2007年第六期。

2. 资金机制

生态保护离不开资金的支持，只有保证充足的资金，才能确保生态保护的各项措施落实到位。新西兰根据本国的经济发展实际，探索出了包括政府财政支出、基金项目和国际项目合作等在内的生态资金支持模式。

政府财政是新西兰国家公园生态保护资金的主要来源之一，每年预算投资高达1.59亿美元，专门用于国家公园生态管理和保护工作。这与政府的生态保护意识是分不开的。新西兰国家公园面积仅700万hm²，也就是说，他们用多达6倍于我国生态资金费用，来保护面积仅相当与我国1/10的国家公园。显然，这样的财政保护资金能够大大促进生态的改善。

除了通过财政支出这一项国家行为来支持生态保护资金外，基金项目在西方发达国家非常盛行。国外基金大多用于支持慈善事业的发展，新西兰政府也充分利用了基金这一平台，通过它来保证全社会每一个公众对生态保护的关注与支持，如"国家森林遗产基金"（Forest Heritage Fund）。社会基金之所以能够在新西兰用于生态保护，一个最重要的原因就是新西兰民间有着深厚的生态保护的群众基础，这一点值得我国甚至很多西方国家学习。

此外，新西兰也通过与国外自然保护区广泛开展国际间合作的方式来筹集资金。

3. 经营机制

（1）实行公平、公开的特许经营模式

新西兰国家公园的经营管理实行特许经营制度，由于新西兰所有的国家公园、保护区等都在保护部管理之下，因此其特许经营权也由国家唯一的保护部授予，这体现了新西兰公共资源（国家公园）的"国家统一管理"模式。新西兰国家公园特许经营的经验主要体现为公平和公开，具体表现在下述5个方面：

①基于保护和旅游双赢的特许经营目的。新西兰国家公园特许经营的目的是促进国家公园保护和游憩两大功能协调发挥，即"双赢"，其第一目标是

为了保护资源和环境；第二目标才是为游客提供适当的旅游设施、服务，保证旅游者享受自然利益。

②项目分散的特许经营方式。新西兰国家公园特许经营的方式是分散的，徒步、山地自行车、皮滑艇、公共汽车、直升机、飞机、船只、直升机滑雪、酒店、生态小屋、滑雪场等项目均是分别特许给不同的经营者的。这种分散的特许经营方式，有利于保护部和被特许经营者完成各自的保护任务和在保护前提下提供旅游服务，保证国家公园的保护能够落到实处。

③特许经营的时间较短。新西兰国家公园特许经营项目的时间均较短，根据项目的性质不同，分为三类特许经营项目：第一类项目是一次性活动项目，这些项目环境影响很小，与相关法律法规目标一致，不含永久性建设，其特许经营期限不多于3个月。第二类项目是影响小的、不需要公示的特许经营项目，这种项目经营活动的影响相对容易识别检测，特许经营期限限制在5年之内。第三类项目是影响大的、需公示的特许经营项目，这种项目的经营活动或选址对环境将带来非常大的影响，或者所选择的地点牵涉到公众利益，这类申请将公开通报，特许经营期限可以在5年以上。

④两权分离的特许经营机制。新西兰国家公园实施的是管理与经营分离的特许经营机制，国家公园管理机构是新西兰政府的非盈利机构，专注于自然文化遗产的维护与管理，日常开支由新西兰政府拨款解决。公园的餐饮、住宿等旅游服务设施向社会公开招标，经济上与国家公园无关。

⑤严格的特许经营审批制度。新西兰国家公园的特许经营遵守国家严格的审批制度，对一些重大的、涉及当地社区居民的项目还需进行公示。

（2）科学规划与建设

新西兰国家公园无论在选择、研究、规划、管理还是开发利用等方面都作了深入细致的研究，以严格的科学研究依据为基础。在新西兰国家公园的选择和规划过程中，政府往往都要通过环保部及各级地方环保组织认真听取有关地质地貌、植物生态、气候气象、社会历史和规划管理等方面专家的意见。无论是公园地点的选择、范围的规划、边界的修定，还是在性质的明确、保护的内容、管理的措施及发展旅游业的方向等方面都始终用科学作指导，从而克服了工作中的主观性和盲目性。对于一个新的地区，专家们往往根据自己过去工作的基础，从不同的专业角度给环保部提出这个地区确立为国家公园的可行性，然后环保组织有关专家和政府官员对该地区进行科学论证，确定它的自然、历史、娱乐和科研价值。在有可能的条件下，上报政府批准后再按国家公园建立的国际标准进行规划。对于其中研究薄弱或尚未进行研究的方面和内容，政府拨出专款进行基础工作，以保证规划更加符合实际，达到高度的科学性。

（3）强化生态环境保护

新西兰重视生态环境保护，强化从微观层面将生态保护落实到日常的管理工作中，其所有旅游开发必须以注重自然生态保护为基础，所有的特许经营也都建立在生态保护的基础之上，对于每一家特许经营店都设立了严格的生态保护考评体系，并建立了完备的退出机制，如果特许经营店在生态保护方面考评不合格，将面临被取消特许经营权利的处罚。

 链接8

新西兰Tongariro国家公园的游憩带谱布局

Tongariro国家公园是新西兰第一个国家公园，其旅游卖点是滑雪和火山遗迹原野徒步。

在空间布局上，为了协调国家公园保护和游憩功能的矛盾，Tongariro国家公园充分考虑了保护的要求，根据国家公园不同区域保护严格程度的差异来布局旅游活动，形成了自内向外的随着保护严格程度的递减而呈梯度状的游憩带谱布局格局（图7-2）。从国家公园的内部至周边社区，依次布局了滑雪场—火山原野徒步区—游客中心—食宿设施—漂流和山地自行车营地；其中接待设施从内向外的布局为：生态小屋—房车营地—汽车旅馆—星级酒店—旅游小镇，既体现了由内向外对环境影响由弱到强的梯度布局，又能满足不同层次游客对设施和服务差异的需求。Tongariro国家公园的上述布局保证了完成国家公园为游客提供的走进自然、学习自然、享受自然和保护自然的游憩功能。

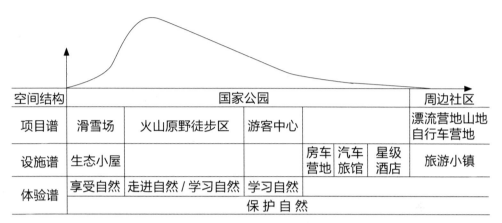

空间结构	国家公园						周边社区
项目谱	滑雪场	火山原野徒步区	游客中心				漂流营地山地自行车营地
设施谱	生态小屋			房车营地	汽车旅馆	星级酒店	旅游小镇
体验谱	享受自然	走进自然／学习自然	学习自然				
	保护自然						

图7-2　新西兰Tongariro国家公园梯度的游憩带谱

摘选自：杨桂华，等. 新西兰国家公园绿色管理经验及对云南的启迪.林业资源管理，2007年第六期。

第八章

南非国家公园体制

一 南非国家公园的发展历程与现状

1. 南非国家公园的发展历程

1910年，遗址保留地和一般的野生动物保护区域在德兰士瓦的管理下设置了，该阶段Stevenson Hamilton对于保留和保护形式持有着一种悲观的态度，他试图劝说当地土地拥有者关注Sabie和Olifants两条河流之间以及Letaba-en 和Shingwedzi河流之间的陆地区域，1912年他向邓肯伯爵提出那些保留的区域应该建立一个国家公园，这个提案被接受了，同时也得到了南非野生动物世界的支持。1923年Col Deneys Reitz议员参观了Sabie遗址保留地，感到震撼，并且起草了一个关于国家公园的法案努力使得国家公园的想法得到落实，但是当时政府选举和变动使得这个法案没有通过；后来，Piet Groble部长又一次在国会上提出了这个议案，最终在1926年5月31日提到议案上，尽管还是有反对的，最终国家公园法律成为1926年56号文件法律。

2. 南非国家公园的发展现状

目前，南非国家公园体系SANParks（South Africa National Parks）包含了20个国家公园（具体情况如表8-1所示），总面积约400万hm²，横跨8个陆地生物群落，其中有15万hm²公园面积坐落在海边。

表8-1 南非国家公园基本情况一览表

公园名称（中文名）	公园名称（英文名）	成立时间（年）	面积（hm²）
阿多大象国家公园	Addo Elephant National Park	1931	164233
厄加勒斯国家公园	Agulhas National Park	1999	5690
奥赫拉比斯瀑布国家公园	Augrabies Falls National Park	1966	41676

（续）

公园名称（中文名）	公园名称（英文名）	成立时间（年）	面积（hm²）
南非大羚羊国家公园	Bontebok National Park	1931	2786
肯迪布国家公园	Camdeboo	2005	19405
金门高地国家公园	GoldenGate Highlands National Park	1963	11633
花园大道国家公园（克尼斯纳部分；齐齐卡马部分；原野国家公园部分）	Garden Route National Park（Knysna Lakes Section；Tsitsikamma Section；Wilderness Section）	2009（1985；1964；1985）	157000（15000；63942；10600）
喀拉哈里跨境国家公园	Kgalagadi Transfrontier National Park	1931	959103
卡鲁国家公园	Karoo National Park	1979	83133
克鲁格国家公园	Kruger National Park	1926（1898）	1962362
马篷古布韦国家公园	Mapungubwe National Park	1989	5356
马拉克勒国家公园	Marakele National Park	1993	50726
莫卡拉国家公园	Mokala National Park	2007	19611
山地斑马国家公园	Mountain Zebra National Park	1937	28412
纳马夸国家公园	Namaqua National Park	1998	135000
理查德斯维德国家公园	Richtersveld National Park	1991	162445
桌山国家公园	Table Mountain National Park	1998	24310
坦科瓦卡鲁国家公园	Tankwa Karoo National Park	1986	121565
西海岸国家公园	West Coast National Park	1985	36273
原野国家公园（已并入花园大道国家公园）	Wilderness National Park	1985	10600

二　南非国家公园的法律体系

1. 南非国家公园的概念

早在1926年，《国家公园法》对国家公园下了定义，即"基于游客的权益和娱乐目的，既可以对野生动物、海洋生物植物和地质进行保护和研究，也可以进行考古、历史、民族研究以及其他教育科学研究的区域。"但该法律对国家公园的定义具有很大的局限。鉴于此，后来，NEMPA（National Environmental Management: Protected Areas Act）给国家公园下了一个更具说服力的定义，即：国家公园是一个提供科学、教育、休闲以及旅游机会的区域，同时该区域要兼顾环境的保护，并且使得当地获得相关的经济的可行发展。

南非羚羊的脸部轮廓是南非国家公园的标志，这个标志本来适用于私人公园，现在只要是在南非国家公园系统SANParks下的所有公园统一使用这个标志。

2. 南非国家公园的选定标准

南非国家公园的选定遵循如下两条原则：

①该区域在国家或者国际上具生物多样性的重要性，或者该区域内包含了一种有代表性的南非自然生态系统、风景名胜区或者文化遗址。

②该区域内拥有一个或者多个完整的生态系统。

三　南非国家公园的法律体系

1. 南非国家公园的法律体系介绍

南非国家公园的管理有着很多相关和专门法律，主要的相关法律有宪法授权，SANParks的所有权利是由《南非共和国宪法》（以下简称《宪法》）

第二十四部分规定和授权的，专门法律包括《国家环境管理法》（National Environmental Management Act）（又被称为《国家公园环境管理法》）、《保护区域法律》（PAA: Protected Areas Act）、《国家保护区域政策》（NPES: National Protected Areas Strategy）、《海洋生物资源法》（MLRA: Marine Living Resources Act）等，多数公园的管理是被这些法律约束和规定的。同时，还有一些辅助性的法律法规如《生物多样性法令》（Biodiversity Act）、《环境保护法令》、《湖泊发展法令》、《世界遗产公约法令》、《国家森林法令》、《山地集水区域法令》、《保护与可持续利用南非生态资源多样性白皮书》等。此外，南非还存在其他的法律给予辅助，如《公积金管理法》（PFMA: Public Finance Management Act）。

2. 南非国家公园核心法规辑要

（1）《国家环境管理法》辑要

该法最为重要的是第一章，该章确立了南非环境管理的基本原则，宣布这些原则不仅适用于对本法的解释、运用与执行，且适应于任何与保护和管理环境有关的法律。对因先前被剥夺了基本权利的人们的地位改善特别规定如下：①追求环境公正，对环境的有害影响不得以不公正的歧视任何人（尤其是那些被剥夺了基本权利的人们）的方式予以传播。②政府将采取特别措施以确保所有因不公正的歧视而被剥夺了基本权利的人们享有对环境资源利用的均等机会。该章还列举了在可持续发展中应予考虑的相关因素，其中包括避免环境的污染与恶化，在无法避免的情况下，必须将之限定在最低限度内；避免破坏作为国家遗产的自然景观和遗址，即便在无法避免的情况下，也应将其限定在最低限度内。该法第三章拟定了合作管理程序；第四章是关于公正决策及冲突解决的规定；第五章是关于综合性的环境管理规定；第六章是关于国际环境义务与条约规定；第七章是关于法律的遵守与执行的规定；第八章是关于环境管理的合作条约。

（2）《宪法》辑要

南非《宪法》规定："每个人皆有权获得对其健康和幸福无害的环境；为

了现在和将来多代人的利益，采取适当的立法和其他措施保护环境，这些立法及其他措施应能够阻止污染及生态的恶化，促进环境的保护和管理，在促进合理的经济与社会发展的同时，保护自然资源生态上的可持续发展与使用。""生态环境保护是各级政府的必尽职责"。

（3）《保护与可持续利用南非生态资源多样性白皮书》辑要

该白皮书规划了制定相关政策的步伐，其第二章确立了南非生物多样性的政策与策略；第三章强调与此相关的6项目标，即：保护南非自然景观、生态系统、生态群落、人员、物种及基因的多样性；利用生物资源以达到持续发展及把对生态多样性的不利影响控制在最低限度；确保对南非基因资源的利用与发展服务于国家利益；拓展保护生态多样性的能力，消除威胁它存在的因素；创设物种多样性保护与可持续利用的条件及激励机制；在国际上进一步提高对生物多样性的保护与可持续利用。

四 南非国家公园的管理模式

1. 管理机制

（1）以SANParks为管理主体

南非国家公园系统SANParks在南非的国家公园保护中是一个权威机构，负责了20个国家公园的保护工作，其主要任务是国家公园内的自然资源的多样性保护和可持续使用的问题。SANParks在国家或者国际法律的指导下，针对不同类型的国家公园按期制定相关的政策性框架，这其中包括发展计划、政策以及相关的评选标准和指标等，对与国家公园的各项具体实施措施起到了指导作用，并且与保护区域管理政策法律、海洋生物资源法以及生物多样性保护法相结合，辅助进行国家公园的管理。该机构的董事会成员是由环境事务和旅游的部长指定的，旨在建立保护南非的生物多样性、景观和世界遗产区域，其管理的具体措施包括：在南非国家公园实施了"战略适应性管理"，即根据实地不同情况及时制定相关指导政策进行统筹，提倡社区参与性；建立了系统性的保护计划（即Systematic Conservation Planning，SCP），在更加广泛的自适性管理进程下处理保护区域的具体问题；构造了发展和保护框架（即Conservation Development Framework，简称CDF），作为各个公园来定义和判断公园是否处于良好的空间状态；使用一种业务战略定位的工具称为平衡计分卡（即Balanced Score Card，简称BSC），它是生物多样性转化为反映客观和关键运作区域一个集成运算的衡量体系，主要集中在金融、消费者和利益相关者、学习和成熟以及内部计划过程等多方面绩效的量化。

（2）提倡当地社区人员与管理委员会参与管理

南非地区有着其原始性和民族多样性，为了更好地保护当地原始文化的多样性，保证公园有效地可持续地发展，共同管理的方式尤为重要，有鉴于此，《保护区域法》（2003年57号法律）规定"鼓励当地社区对于保护区域的参与管理"，"利益相关者必须具备参加保护区域的管理的机会，并且也要有效地参与保护区域管理计划的制定过程"，在具体操作中，雇用当地人为公园管理人员以旅游经营和公园管理委员会的方式参与公园的管理是南非一贯的做法。

除此之外还有利益相关者，包括当地社区、地方直辖市、政府和非政府组织等，他们在管理循环中起到三个重要的角色：确定理想最终目标；评价不同管理抉择可预测结果的可接受性；回顾总结管理结果，决策的确定必须与价值基础强烈地贴合。SANParks参与原则规定，利益相关者的参与过程中应：有一个清晰的目标，识别应参与选择过程的利益相关者，通过相应的机制标明参与过程中的利益相关者，在利益相关者所承担的义务中，鉴于相关性、完整性和互相尊重的基础上，寻找最好的解决方法。

（3）强化科学研究辅助管理

南非国家公园比较依赖科学研究机构进行相关的科研，并以此为基础获得管理的必要知识以及保护南非目前存在相对原始和完整的多样性，在快速增长和改变的世界，这是一个比较有效的管理方式，也是全世界范围内进行可持续旅游可以借鉴的一种方式。

南非国家公园具有一个很长的使用科学研究辅助公园管理的历史，第一个研究单位于1950年在克鲁格国家公园成立，经常会采取各个公园研究单位合作的方式，这里面的工作人员75%是由南非科学家组成的，这种大型的科研项目不仅为公园吸引了国际的援助和国家基金的支持，还对辅助相关公园的发展和运营起到了良好的作用。

南非国家公园研究单位根据其研究重点的不同，主要有三个类型：稀疏草原和干旱地区研究中心、花园路径研究中心以及海角研究中心，每一个研究单位都有着各自的专业研究领域。2012年，其工作人员进行了补充，包括14位科学家和科研管理者，3位区域的生态学家，15位专业技术人员、生物技术专家和科研便利的辅助经理，3位行政支持人员和30位一般的工作人员（警卫、服务员、监管人员和普通工人）。

2. 资金机制

南非国家公园的运行采取商业运营战略。1998年9月，环境事务所和旅游部门应南非国家公园的要求，争取使得国家公园脱离国家资金的支配，这就形成了南非国家公园在2000年采用的商业运营政策，规定了政府的角色只有在市场运营出现危机时，起到一个调控和支配的作用。商业化战略的实施，本质上是源于两个项目的实施，即租让生态旅游旅馆和商店以及餐馆外包，这两个项目在2001年创造了超过620个额外的工作岗位，自从2002年来，已经取得的年金收入超过了7300万南非兰特，吸引了超过2.7亿南非兰特的资本投入。

除此之外，SANParks也允许公园内进行适当的旅游，允许游客可以接触到以自然资源为基础的旅游产品和活动，从而获得相关的收入支持当地的生物多样性和文化遗址的维护。

此外，还有公园副产品的出售，如一定的野生动植物制品以及狩猎、公园的旅游产品的销售和社会公益组织的捐赠等，也对公园的运营起到了一定的补充作用，如《保护区域修正法》（2004年31号文件）规定从野生生物中获得的收入用于国家公园系统的管理、扩建以及发展。

3. 经营机制

南非国家公园实施利益相关者共同管理的经营机制。这一机制类似于特许经营的方式，国家公园与当地附近社区以合同方式达成某些服务的委托，从而刺激当地小型或者中型企业的建设，提供更多的就业机会，达到当地经济发展的目的。但是这种公私合作计划具备时间性，需要定期的更新和修改，国家财政部为了更好地促进 Public Private Partnerships（PPP，公私合作机制）的进程，在2006年建立了生态旅游工具包，对这个进程进行约束和指导。

南非国家公园还允许狩猎等盈利性项目的经营，但这个过程要符合当地国家狩猎标准，这个政策目前也广受大众的争议和评论。

第九章

韩国国立公园体制

一 韩国国立公园的发展历程与现状

1. 韩国国立公园的发展历程

韩国国立公园发端于20世纪30年代，当时在美国、日本的影响下，韩国在1940年将金刚山、智异山、汉拿山选定为国立公园备选地。日本人田村刚层对其中的金刚山进行过几次调查，但因第二次世界大战的影响，国立公园选定行动被中断。1963年，在政府财政支持下，国民运动本部设置了"智异山地区开发调查委员会"，当时很多人认为智异山已充分具备开发为国立公园的条件，因此主张将其制定为国立公园（另一个理由是当时智异山郁郁葱葱的山林中乱砍乱伐的现象非常严重，当地居民强烈要求从国家的角度进行保护），由16名学者组成的委员会前后3次对智异山进行了现场考察。1965年，建设部着手修订韩国公园法。1967年12月29日，韩国设立了第一个国立公园——智异山，同年制定的《韩国自然公园法》指出设立国立公园的目的是："保护代表性的自然风景地，扩大国民的利用率，为保健、修养及提高生活情趣做出贡献"。这个时期设立国立公园的目的是保护优美的自然风光，让人们能尽情享受于其中。

1972年国立公园法经过修改，增加了道立公园和郡立公园的概念，形成了国立、道立、郡立公园三级体系。20世纪80年代，韩国经济高速增长，国民生活水平大幅度提高，他们有更多的闲暇时间可以游览国立公园。为发展经济也导致对自然环境的破坏，国民对环境表现出前所未有的关心。自1967年智异山国立公园成立至今，共设立有21个国立公园，占韩国总面积的6.7%。1995年韩国颁布了新的《自然公园法》，旨在保护韩国的自然环境和自然景观，推动公众对于这些资源的可持续利用，以使它们为增进公众健康、公众休闲和娱乐做出贡献。新的法案在修改时，强调了自然环境保护的重要性，保护自然生态系统也成为国立公园的目标。

韩国国立公园制度的沿革可分为以下几个时期（表9-1）。

（1）开发主导时期（1967-1975年）

引进国立公园制度，并用 10 年左右的时间指定了11处国立公园。这个时期的特征是随着国立公园的指定，集中服务区公园入口、道路、标牌等基本设施投入建设。先导的政策理念是针对很多国民利用的状况，设施要达到相当的规模。但除指定公园、编制规划以及修路之外，实际的管理还处于相当不力的状态。这个时期正是国家全力向国土开发经济振兴迈进的时期，如被指定为国立公园，还有交通条件的改善、住宅改良等优惠政策，因此，当地居民和地方政府要求编入国立公园的呼声很高。

（2）保护为主的时期（1976-1980年）

20世纪70年代后半期，韩国开始兴起自然保护运动，1978 年政府颁布了《自然保护宪章》，由此，政府主导、民众参与的国民运动在全国范围内展开。这次运动制约了全国土地开发和利用的势头，同时，国立公园的管理也向自然保护和利用的方向发展，政策理念也倾向于加强保护。但是，这种保护政策实施的进程，也由于高速经济增长带来的观光娱乐的迫切需求而逐渐放慢了脚步。

（3）重利用轻保护的时期（1981-1986年）

全民生活水平的提高、休闲游憩相关产业的发展、交通条件的大力改善、汽车的普及、媒体对风景名胜区的宣传、政策引导等一系列因素无疑为大规模的休闲时代的到来起到了推波助澜的作用。国立公园政策中前一阶段在保护为主的理念下，绝对限制野营设施、控制过量的探访客的办法没能与国民利用的需求抗衡。于是，在不破坏公园自然性的范围内最大限度地容纳国民的设施和方案相应出台。这实际上是将国立公园规划为便于国民利用的观光地，而与真正的国立公园的保护和利用标准相差其远。这个时期国立公园确定了基本规划，按照规划推进了开发、利用、保护等措施实施，公园管理业务得到广泛开展。但是地方行政机关因业务经验和专业知识不足，很难形成系统、规范的管理，各地区发生了许多不同程度的行政管理不当的问题。

（4）效率主导时期（1987-1997年）

1987 年以前，公园管理业务一直由中央行政机关——建设部掌管，但实际上最重要的现场管理业务是委任给地方自治团体的。由于缺乏管理的一致性，各公园之间存在设施质量、数量上的差异，因此于1987年7月1日设立了国立公园管理公团。国立公园的开发事业中，原先重点投资的公园入口道路、集中服务区等基础设施的建设转到停车场、野营地、指示牌等探访便利设施的开发。这个时期是国立公园实质性的发展和稳定期，根据《自然公园法》，开始实施自然资源轮休年制等保护为主的政策。

（5）保全为先时期（1998年至今）

1967-1990年国立公园由建设部主管，1990-1998年是由内务部管理的，而 1998年以后，包括国立公园在内的所有自然公园的管理均移交到环境部，由此国立公园的管理更为系统化了，开始正式开设自然探访道路，最初的探访介绍所设在内藏山国立公园，将国立公园从享乐概念的利用状态转向学习和体验活动状态的努力一直没有中断过，以保存、利用和可持续发展为目的的公园理念成为主流思想。这个时期，至少政策的基本方向是保全为先的。

韩国国立公园发展的思想基础有两个：一是以美感为代表的现代国立公园体系，另一个就是韩国人崇尚自然、与自然相亲和的文化传统。韩国国立公园中以历史名山为基础的占有85%以上，如此众多的名山成为国立公园，与韩民族固有的崇山思想有千丝万缕的关系。

表9-1　韩国国立公园制度沿革

年代	国立公园制度的沿革	管理部门		法律体系	公园法中规定的目的
1967-1975年	开发为主的时期	建设部	地方自治团体管理	公园法	1967年：增进韩国代表性的自然风景区的保护和国民利用
1976-1980年	保护为主的时期				1973年：保护自然风景区，提高国民的休养和精神生活
1981-1986年	利用为主导的时期				

（续）

年代	国立公园制度的沿革	管理部门	法律体系	公园法中规定的目的
1987-1997年	效率为主导的时期	内务部	自然公园法	20世纪80年代：保护自然风景区，通过适当的利用提高国民的保健休养和精神生活
1998年至今	保全为先的时期	环境部		20世纪90年代：保护自然生态系和自然风景区，谋求可持续发展 2001年：保全自然生态系和自然和文化景观，谋求可持续发展

注：国立公园管理公团委任管理

2. 韩国国立公园的发展现状

1987年，韩国国立公园署由建设部授权成立，1991年转由内政部授权。目前，韩国国立公园署由环境部授权，管理着全国21个国立公园中的20个（汉拿山除外，由济州岛当地政府管理）。韩国国立公园有三种类型，包括16个高山型国立公园、4个海洋与海岸国立公园及1个历史国立公园，公园面积共计6637.061km^2（表9-2）。

韩国的21个国立公园按照IUCN（International Union for Conservation of Nature and Natural Resource）和国立公园委员会（CNPPA: Committee for National Park and Protect Area）的国立公园及自然保护地区的10种区分类型（category）来看，都属于第五种类型。而很多国家的国立公园大多都属于第二种类型或第五种类型，如日本有15个属于第二种类型，有13个属于第五种类型。

韩国国立公园的类型划分大致有以下几种：

①按公园设立的目的和自然保护内容分类。设立国立公园是为了保护和利用自然，因此可以按所保护资源的种类来分类，主要分为：自然生态系统保存公园、自然景观保存公园和文化资源保存公园。

②按资源的自然水平分类。主要是以自然生态系统中的动植物为依据分

类的，可以分为自然性高、低和无关三种。

③按自然地形和现状的水平分类。山峰、溪谷、山顶、枫叶等外观上变化比较明显，并带有审美感的可以作为评价国立公园外观价值水平的标准。可以分为地形地势良好的公园、地形地势普通的公园、以海洋风景为中心的公园、以文化遗产和事迹为中心的公园。

④按公园区域位置分类。按利用、保护情况和管理的差别可分为山岳型、城市邻接型和海洋邻接型，其中山岳型国立公园的面积最小为56.220km^2，最大为483.022km^2。

表9-2　韩国国立公园基本情况一览表

序号	公园名称（中文名）	公园名称（英文名）	位置	设立时间（年）	公园区域面积（km^2）	公园保护区域面积（km^2）	备注
1	智异山	Jirisan	全罗南北道、庆尚南道	1967	483.022	35.225	
2	庆州	Geongju	庆尚北道	1968	136.550		
3	鸡笼山	Gyeryongsan	忠清南道	1968	65.355	2.160	
4	闲丽海上	Hallyeohaesang	全罗南道、庆尚南道	1968	535.676	34.700	海上344.763 km^2
5	雪岳山	Seoraksan	江原道	1970	398.237	4.700	
6	俗离山	Songnisan	忠清北道、庆尚北道	1970	274.766	1.020	
7	汉拿山	Hallasan	济州岛	1970	153.332	2.350	
8	内藏山	Naejangsan	全罗南北道	1971	80.708	12.561	

（续）

序号	公园名称（中文名）	公园名称（英文名）	位置	设立时间（年）	公园区域面积（km²）	公园保护区域面积（km²）	备注
9	伽倻山	Gayasan	庆尚南北道	1972	76.256	4.393	
10	德裕山	Deogyusan	全罗北道、庆尚南道	1975	229.430		
11	五台山	Odaesan	江原道	1975	326.348	1.980	
12	周王山	Juwangsan	庆尚北道	1976	105.595	0.698	
13	泰安海岸	Taeanhaean	忠清南道	1978	377.019	0.090	海上 290.30 km²
14	多岛海海上	Dadoehaehaesang	全罗南道	1981	2266.221		海上 2004.48 km²
15	北汉山	Bukhansan	首尔、京畿道	1983	76.922		
16	雉岳山	Chiaksan	江原道	1984	175.668	2.340	
17	月岳山	Woraksan	江原道	1984	287.571	3.172	
18	小白山	Sobaeksan	忠清北道、庆尚北道	1987	322.011		
19	边山半岛	Byeonsanbando	全罗北道	1988	153.934		
20	月出山	Wolchulsan	全罗南道	1988	56.220	16.818	
21	无等山	Mudeungsan	光州、全罗南道	2013	75.425		
合计					6637.061	112.207	

二　韩国国立公园的概念和选定标准

1. 韩国国立公园的概念

在韩国，国立公园指环境部部长指定的用来保护代表性的生态系统和自然/文化景观的由陆地或海洋组成的自然区域。其建立的目的是将自然资源的保护和持续利用与政府直接管理公园相结合。韩国国立公园包括国立公园、道立公园以及郡立公园。其中"国立公园"是指可以代表韩国自然生态界或自然及文化景观（以下简称为"景观"）的地区；"道立公园"是指可以代表特别市、广域市以及道（以下称为"市、道"）的自然生态界或自然生态景观的地区；"郡立公园"是指可以代表市、郡以及自治区（以下简称"郡"）的自然生态界或景观的地区。

2. 韩国国立公园的选定标准

依据《自然公园法》，韩国国立公园必须需满足如下五个要求：

①生态系统：自然生态系统的保护必须令人满意，或者该区域范围内以濒危物种、自然珍藏或受保护的植物或动物物种为主。

②自然风景：自然风景必须被完美地保护着，没有多少危险和污染。

③文化景观：必须要有与自然风光相协调的具有保护价值的文化或历史遗迹。

④土地保护：没有由于工业发展对风景造成的威胁。

⑤位置和使用便利性：国立公园的位置必须与整个国家的领土保护和管理相平衡。

三　韩国国立公园的法律体系

1. 韩国国立公园的法律体系介绍

起先，韩国国立公园管理的法规是《公园法》，自1975年开始，自然保护运动席卷全国，到1980年，为有效保护和管理自然公园，《公园法》分成《城市公园法》和《自然公园法》。目前，韩国直接管理国立公园的法规是《自然公园法》，经过几次修改之后，在2001年3月28日进行了最后的改定。这个法规规定了有关自然公园指定、保全及管理方面的事项，其目的是保全自然生态系统和自然、文化景观，谋求可持续的利用，主要内容包括自然公园保护等的义务；自然公园的指定、管理；公园委员会的设立；公园的（基本）规划；功能分区的设定；禁止行为；保全和费用征收；国立公园管理工团的相关内容、法规等。除此之外，韩国的相关法规还有《山林文化遗产保护法》、《山林法》、《建筑法》、《道路法》、《沼泽地保护法》、《自然环境保存法》等，也是其国立公园管理及保护、利用的重要依据。

2. 韩国国立公园核心法规辑要

韩国国立公园的主要法规为《自然公园法》，该法案制定于1980年，经过几次修改之后，最新的修改在2001年3月，主要内容如下。

（1）国立公园的行政管理

国立公园由环境部部长指定并管理；道立公园由特别市市长、广域市市长或道知事（以下简称为"市、道知事"）指定并管理；郡立公园由各市市长、郡守或自治区区长（以下简称为"郡守"）指定并管理。环境部部长根据第一项的规定指定国立公园时，要先听取管辖的市、道知事的意见，然后同相关中央行政机关长官协商。市、道知事根据第一项的规定指定道立公园时，要先听取管辖的郡守的意见，然后通过市、道公园委员会（以下简称

"道立公园委员会")的审议,得到环境部部长的认可。在得到环境部部长的认可之前,还要同相关中央行政机关长官协商。郡守指定郡立公园时,要通过郡公园委员会(以下简称"郡立公园委员会")的审议,并须得到市、道知事的认可。指定、管理自然公园的环境部长官,市、道知事以及郡守(以下称为"公园管理厅")指定自然公园后,应按照环境部法令的规定,公告自然公园的名称、类型、区域、面积、指定年月日、公园管理厅以及其他必要事项。

公园委员会设立在公园管理厅。公园委员会的构成、经营和此外的必要事项,如果为国立公园委员会时,由总统指定;道立公园委员会以及郡立公园委员会按照总统指定的标准执行,由地方自治团体条例来确定。公园管理厅以指定自然公园为目的,对于赠送了超过总统法令规定标准以上的土地捐赠人或全部继承人,可将其推荐为相应公园委员会的委员。

(2)公园基本计划以及公园计划

环境部长官每10年都会通过国立公园委员会审议公园基本计划的确立。公园基本计划的内容、程序以及其他的必要事项依照总统法令确定。与国立公园相关的公园计划由环境部部长决定。环境部部长决定内容时,先要听取相关市、道知事的意见,然后同相关中央行政机关长官协议,并要通过国立公园委员会的审议。与道立公园相关的公园计划由市、道知事决定。市、道知事确立公园计划时,听取管辖的郡守的意见,然后同相关行政机关长官协议通过道立公园委员会的审议。跨两个以上市、道行政区域的道立公园要同相关市、道知事协商,共同确立公园计划立案或立案人。与郡立公园相关的公园计划由郡守决定。郡守确立公园计划时,要先同相关行政机关的长官协商,并要通过郡立公园委员会的审议。跨两个以上郡行政区域的郡立公园要同管辖的郡守协议,共同确立公园计划立案或立案人。公园管理厅每10年都会收集一次公园周边市民以及专家或其他利益相关人士的意见,审核公园计划是否妥当(包括公园地区以及公园保护区域的妥当性),其结果要反映到公园计划内容的变化当中。审核公园计划妥当性的标准可以从公园资源、管理条件、环境影响等方面进行考虑，依据总统法令执行。

（3）自然公园的保护

韩国的《自然公园法》对允许在国立公园范围内的行为作了明确的规定。同时对于禁止的行为以及禁止通行的事项都一一作了详细的规定。

（4）费用的征收

《自然公园法》对入园费、设施占用费、费用负担原则、费用有关协议都作了具体规定。公园管理厅可以对进入自然公园的人征收入园费，可以对使用公园管理厅所设置设施的人征收使用费。但对环境部法令所规定的人，可以免征入园费。公园管理厅对于得到公园管理厅许可的公园设施管理人，对于得到公园管理厅许可的占用或使用自然公园的人征收占用费或使用费。关于自然公园的费用，除本法或其他法律有特别规定外，国立公园的费用由国家负担，道立公园或郡立公园的费用由相应地方自治团体负担。跨两个以上市、道或郡行政区域的道立公园或郡立公园的相关费用，可由相关市、道知事以及郡守通过协议，另行决定负担金额以及负担办法。自然公园的入园费、使用费以及此外因自然公园产生的收益，视为承担负税、征收费用的公园管理厅所属上级单位（国家或地方自治团体）的收入。

四　韩国国立公园的管理模式

1. 管理机制

（1）行政管理沿革及管理机构

20世纪60年代，在以开发、发展为主导的国家政策引导下，国立公园的管理任务由国土规划、建设的主管部门——建设部来承担。到1990年12月，根据修改过的《自然公园法》的规定，从1991年开始国立公园移交给内务部管理。虽然当时也有让山林厅或仍由建设部作为主管部门的建议，但最终还是由主管自然保护和地方行政的内务部来管理。20世纪80年代末90年代初，生态环境越来越受到国民的关注和社会的重视，对待国立公园由利用转变为自然景观、生态环境的保护。因此，1998年国立公园开始移交到环境部管理。这种管理的变化可以分为如下三个阶段：

①管理薄弱期（1967-1976年）。设立了最初的国立公园，10年内国立公园数达到12个。这个时期，除了铺路以外没有其他方面的管理。当时是市、道委任管理体系（即地方政府来管理），管理比较松散。

②管理加强期（1977-1986年）。20世纪70年代中期，自然保护运动蓬勃发展之际的10年间，确定了国立公园的基本规划，并根据这个规划开发、利用、保护等工作得以推进，从而开始形成真正的管理业务。但是国立公园由地方政府管理，管理体系多元化导致管理的困难。地方政府为了扩充财政，把重点放在利用和开发上，较缺乏保护意识。

③专门管理期（1986年至今）。在把管理业务专门化的建议下，为解决国立公园管理上存在的问题，国立公园管理公团根据《自然公园法》，成为民法上的非盈利法人。

1986年开始，政府的直接管理代替了地方政府的管理。国立公园管理公团（虽然是民间为主的团体，但带有半民间、半国家政府的形式）受国家中央政府机构（1998年以后附属环境部管辖）的委任，开始接管国立公园。国立公园管理机构由国立公园管理公团本部和地方机构组成。地方管理事务所包括18个国立公园管理事务所（下辖7个支所和33个分所）和自然生态研究所、航空队，他们大部分受国立公园管理公团的直接管理，仅有庆州、汉拿山国立公园受地方政府管理。本部和地方管理人员总数分别是67人和595人，总计662人。

韩国国立公园管理公团机构（本部）如图9-1所示，各部门的具体业务如表9-3所示。

表9-3 韩国国立公园管理公团各部门负责业务

部门		负责业务
宣传秘书室		宣传、制订计划
经营评价团体		经营评价及审查分析
筹备企划处	筹备部	制订中、长期计划并调整、完善法规制度,接待国内外来客,进行国际交流
	预算部	制订事业计划和运营计划,并做出预算
总务处	总务部	负责人事安排;志愿者的教育训练;福利、工资的发放;保险和退休金管理
	经理部	公有收入管理(门票、设施使用费、出租费)及国有财产的抵押、转贷,资金安排计划的制订、管理
资源保全处	自然保全处	自然资源调查;自然生态系统保全计划;自然休息年制;毁损地的恢复
	资源管理部	维持公有的秩序,制止违法行为及建设违规设施;预防山火及灭火
探访设施处	探访管理部	负责公有设施的运营、管理、控制和访客的安全
	设施管理部	设置公园设施;监督指导设施的建设;监督公园设施的维持管理
监察室		业务及会计监察、真伪事件的调查和处理
国立公园管理事务所		门票、公园保护、清洁、公园设施维修、灾后复原、接待访客、安全工作
自然生态研究所		自然资源(山林、海岸、海洋)的调查研究,研究探访文化改善和亲近自然的公园管理方法;研究自然资源的恢复
航空队		空中巡查、预防山火及飞机运输和管理

韩国国立公园管理公团的职能和作用包括:①调查研究和保全自然生态系统及自然、文化景观;②预防自然资源毁损,处罚违法行为;③负责公园具体工作,如公园内进行的各种活动的审批以及协议;④开发和运营自然学习项目,改善探访文化工作;⑤收取公园门票和设施使用费;⑥有关公园利用方面的教育引导和宣传。

韩国国立公园管理公团的任务是代替环境部长官执行国立公园管理工作,

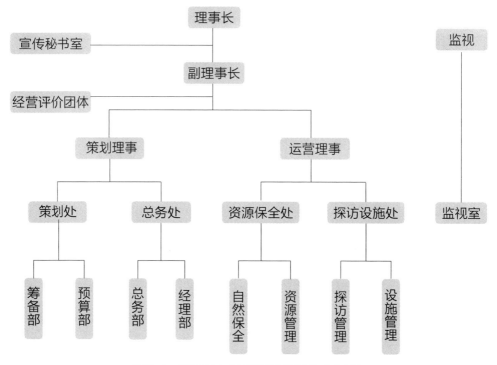

图9-1　韩国国立公园管理公团机构（本部）

国立公园管理公团的职务内容如下：①对国立公园区域和公园保护区域内的公园资源进行调查、保护和研究；②施行公园具体工作；③审批公园管理厅以外的部门在公园中的工作，负责公园设施的管理许可；④公园的占用或使用许可以及公园原状恢复；⑤收取公园门票，设施的使用许可及收取设施使用费；⑥收取公园占用费或使用费以及不正当利益金；⑦国立公园内禁止行为的管制及公园区域出入限制或禁止；⑧公园区域或保护区如需要其他法律的依照、承认和许可，负责与公园管理厅进行协商；⑨出入和使用他人的土地时有关事项。

国立公园管理公团组织可以分为公团本部（中央）和地方管理事务所。其中本部负责公园管理的全部内容和对地方管理事务所的指导和监督，地方管理事务所负责公园资源的保护，公园设施的设置及维持管理，保洁、非法无秩序行为的治理、许可、使用费和门票的收取、探访客的接待和宣传等具体工作。

（2）管理过程中强化国际交流

在持续性发展方面，为了达到世界级的公园管理水准，韩国国立公园署不断加强国际交流。如韩国国立公园署与美国国家公园管理局于2006年开始展开双方工作人员交换计划；通过参与或主办国际和国内研讨会，韩国国立公园署与世界各国分享公园资源保育资讯并开展国际合作研究，使得韩国成为亚洲第一个与国际自然保育联盟合作执行管理效能评估的国家。

（3）建立社区参与及合作机制

韩国国立公园在管理过程中强化社区参与，采取了一系列措施。如：韩国国立公园署创造了一个独特的社区参与及合作机制，鼓励当地居民与一般大众主动参与，并设立了政策制定咨询委员会；韩国国立公园署以雇用当地低收入与弱势家庭的居民为主，增加他们的就业机会；通过韩国国立公园署网站来为当地企业行销，并为当地青少年设立课后辅导计划等。

2. 资金机制

（1）资金管理

韩国国立公园2001年的年支出额为1000亿韩元（相当于6亿人民币），其中400亿～500亿韩元是自筹资金，500亿～600亿韩元是国家补助。自筹金额来自于门票收入、停车场收入、设施使用费等等。关于自然公园的费用，除《自然公园法》或其他法律有特别规定外，国立公园的费用由国家负担，道立公园或郡立公园的费用由相应地方自治团体负担。但根据《自然公园法》第八十条第一项的规定，市、道知事管理国立公园，或根据第八十条第二项的规定，郡守管理道立公园时，其费用的全部或一部分由地方自治团体负担。

国立公园署的预算分为国立公园特别会计预算和一般会计预算。国立公园事业特别会计预算是向自然生态系统的研究、保存及安全设施的设置及便利设施事业投资的政府预算，由环境部长官和国立公园管理工团理事长之间签订委托施行契约来执行。一般会计预算指公园管理职员的工资以及补助、清洁费用、预防山火设施管理费等管理预算，其财源主要来自国立公园的门票收入，不足部分由政府来补助，1998-2002年的具体预算情况如表9-4所示。

表9-4　韩国国立公园管理预算　　单位：百万韩元

		1998年	1999年	2000年	2001年	2002年
特别会计预算		27617	29085	32450	42088	46425
一般会计预算	总额	43777	40544	45964	47537	47629
	政府补助（%）	9349（21.4）	2631（6.5）	4522（9.8）	5268（11.1）	8022（16.8）

（2）公园账簿

①公园管理厅应制作并保管公园账簿。

②制作及保管公园账簿的所需事项，按照环境部法令执行。

3. 经营机制

（1）收费机制

为维护公园的正常运营，公园管理厅可以对进入自然公园的人征收入园费，可以对使用公园管理厅所设置设施的人征收使用费。开展公园事业或管理公园设施的人，可以在收益范围之内，向使用设施的人征收使用费。但对环境部法令所规定的人，可以免征入园费；对于环境部法令规定的设施，没有公园管理厅的允许，不可征收使用费。

自然公园的入园费、使用费以及此外因自然公园产生的收益，视为承担赋税、征收费用的公园管理厅所属上级单位（国家或地方自治团体）的收入。但根据《自然公园法》第三十七条第二项的规定，非公园管理厅单位征收的使用费算作为征费者的收入。《自然公园法》第四十四条规定的国立公园管理公团受委托管理自然公园时，自然公园的入场费、使用费和此外在自然公园中产生的收益为国立公园管理公团的收益。

（2）土地公有化机制

韩国国立公园土地所有权分布非常多样，包括政府土地、公有土地与私有土地，并且有些土地是佛教寺庙所拥有。为解决有关私有土地而引发的一系列的问题，韩国将私有土地逐渐转变为公有土地，实现了土地公有化。

（3）公园保护机制

韩国重视公园保护，采取了一系列措施加大国立公园的保护力度，如：实行自然休息年制，把由于过度利用破坏严重的地方空置一段时间，使其逐渐恢复原貌；控制游客的人数并制定预约探访制度，增加现场工作人员来管理拥挤的公园地区，预防和阻止使用非法设施和无序的行为；采取分区保护管理措施；在国立公园范围以外建造供游客游玩的树林和观光设施，使服务、游乐设施在空间上从国立公园中分离出来；在国民中进行广泛宣传，让大家明白国立公园不是征服山顶的登山之地，也不是娱乐和游玩场所，而是亲近自然的探访之所；根据韩国传统的文化和风俗考虑自然风景保护、利用等。同时，韩国还实行国立公园资格动态管理制度，设立的国立公园由于过度开发，已经失去其价值的，要取消资格。此外，除了专门管理机关——国立公园管理公团外，还有一些非盈利的民间团体参与，这些团体有力地阻止了国立公园的商业性开发行为，并向国民进行保护自然的宣传。

 链接9

韩国国立公园分区标准

韩国国立公园按照一定标准对国立公园进行功能分区，然后再按照各个区域的相关规定采取保护或利用措施。国立公园分区主要的标准和相应规定如表9-5所示。

韩国国立公园中几种主要用途的比例为：自然保全地区占8.5%，自然环境地区占89.6%，居住地区占1.5%，集团设施地区占0.4%。国立公园的建筑物占地面积要在330~600m²之间，建筑高度限制在3~5层以下。

表9-5　韩国国立公园分区标准和规定

分区	设立标准	规定的利用方式
自然保全区	自然专题具有原始性或有保存价值的动、植物以及天然纪念物，自然风景秀丽需要加以特别保护的地区	①研究、保护自然必要的行为 ②最低限度公园设施的设置 ③军事设施、航路标识设施、通讯设施、水源保护设施以外不许设置的最低限度的设施设置
自然环境地区	除自然保全地区、居住地区、集团设施地区外的其他地区	①环境部指定的现况变更许可基准内的第一次产业行为及其附带设施的设置行为 ②太密集的公园设施的设置及事业 ③保护自然资源
居住地区	作为居民居住和农耕的地区或渔民的生活根据地，有必要维持管理的地区	①环境部令指定的规模以下的居住用建筑物的设置以及居民的生活环境造成行为 ②内务部令指定的规模以下的医院、药房、美容院、日用品销售设施等居住地区必要基础设施的设置 ③不会导致公害的手工业
集团设施地区	为公园入场者提供便利；为公园的保护、管理需要，把公园设施集团化或已被集团化的地区	

第十章

日本国家公园体制

一 日本国家公园的发展历程与现状

1. 日本国家公园的发展历程

日本人民自古就有野外游娱的传统习俗，自然山林多为大众化的游览佳所。明治六年（1873年），日本正式建立了公园制度，近代公园建设开始。此后建立的一批公园如大之桥立公园、革内公园、严岛公园、大沼公园、松岛公园等都具备了作为自然公园应具备的天然条件。明治末，伴随着美国国家公园思想的传入，日本人对于自然风景的重视逐步提高，国家公园建设开始兴起。明治四十四年（1911年），在第27届帝国会议上，野木恭一郎等人提出了"关于设定国设大公园建议案"，倡导将富士山一带建设为国家公园，议会通过了这项建议案，并提出了对全国自然风景的调查。1915年，日本内务省开始着手就国立公园的候选地进行调查。受美国黄石国家公园的启发，昭和二年（1927年），日本国立公园协会以民间团体的形式成立，这是日本第一个有关自然公园建设的专门机构。1929年，内务省成立了国立公园委员会，并于1931年颁布了《国立公园法》。在各方面条件基本具备的情况下，昭和九年（1934年）首批国立公园产生。依据《国立公园法》，1934年4月指定了濑户内海、云仙（现在的云仙天草）、雾岛（现在的雾岛屋久）为国家公园，同年12月指定了大雪山、阿寒、日光、中部山岳、阿苏为国立公园，1936年又指定了十和田（现在的十和田八幡平）、富士箱根（现在的富士箱根伊豆）、大山（现在的大山隐岐）、吉野熊野为国立公园。到二战前，日本共指定了12个国立公园。1938年日本厚生省成立，国立公园归属厚生省公共保健科管理。由于当时日本正处于太平洋战争时期，各种与战争无关的行动很难开展。因此，国立公园建立初期以保护和利用自然资源的目的也变为非常时期的"健民地"，用以作为国民的身心锻炼场所。1943年，国立公园协会也改称为国土健民会，日本中断了对国立公园的建设。

二战结束后，日本重新启动了国立公园发展计划，1946年国土健民会被取消，取而代之成立了国立公园研究会，国立公园工作得以复苏，同年还指定了伊势志摩为国立公园，1948年，日本厚生省设立了国立公园部，至此国立公园才算真正开始走上正轨。1949年，修订了国立公园法，指定了支笏洞爷、上信越高原为国立公园；1950年指定了磐梯朝日、秩父多摩甲斐为国立公园；1955年指定了陆中海岸、西海为国立公园。随着战后人们生活的日趋稳定，旅游业也相继得到发展，国立公园的景观功能越来越受到重视，自然公园的发展进入了一个全新时期。1957年，新的《自然公园法》出台，取代了最初的《国立公园法》，确立了自然公园体系，即将自然公园按3种类型划分为国立公园、国定公园、都道府县立公园。在国家公园的层面上，在发展原有国立公园的基础上，引入了国定公园制度，1950年，佐渡弥彦（现在的佐渡弥彦米山）、琵琶湖、耶马日田英彦山成为第一批被指定的国定公园。1964年日本设置了厚生省国立公园局。

　　在日本经济高速发展时期，由于过于强调经济的发展，而忽略了对公害和对自然环境破坏问题的治理，导致环境问题不断恶化。在付出惨痛代价之后，1971年，日本设立了由总理大臣直接领导的环境省，对环境问题进行行政的直接干预，并逐步建立起以环境省为核心的日本环境行政体系。自然公园的行政管理部分由原来的厚生省移交到环境省，在环境省内部设置了自然保护局，这是由原厚生省自然公园管理部门与农林省、鸟兽保护管理部门合并组成的新的自然保护管理机构。

　　到目前为止，《自然公园法》被多次修订，日本自然公园总数也已经达到392个，总面积合计约536.8万hm^2，约占国土面积的14.2%。另外，为保护浅海地区濒危生物及优美景观，作为国立公园和国定公园的扩展，自1970年起，从北海道积丹半岛到冲绳县八重山诸岛设定了64处海上公园。为了强化对自然环境的保护，日本政府还选择了18个区域作为国立公园及国定公园的备选地，有些为现有公园的扩充，有些为新设的自然保护地。自然公园为日本的自然保护、国民休闲和健康发挥着重要的作用。

2. 日本国家公园的发展现状

到2012年，日本自然公园数共计392个，其中包括30个国立公园、56个国定公园，以及具有地方特色的309个地方自然公园（都道府县立），由国家指定的国立公园和国定公园约占国土面积的9%，其中国立公园的基本情况如表10-1所示。

表10-1　日本国立公园基本情况一览表

所属区域	公园名称	设立时间	备注
环境省自然环境局北海道地方环境事务所辖区	阿寒国立公园	1934年12月4日	
	大雪山国立公园	1934年12月4日	
	支笏洞爷国立公园	1949年5月16日	
	知床国立公园	1964年6月1日	
	利尻礼文佐吕别国立公园	1974年9月20日	由利尻礼文国定公园升格
	钏路湿原国立公园	1987年7月31日	
环境省自然环境局东北地方环境事务所辖区	十和田八幡平国立公园	1936年2月1日	最初名为十和田国立公园
	磐梯朝日国立公园	1950年9月5日	
	陆中海岸国立公园	1955年5月2日	
环境省自然环境局关东地方环境事务所辖区	日光国立公园	1934年12月4日	
	富士箱根伊豆国立公园	1936年2月1日	最初名为富士箱根国立公园
	秩父多摩甲斐国立公园	1950年12月4日	最初名为父多摩国立公园
	南阿尔卑斯国立公园	1964年6月1日	
	小笠原国立公园	1972年10月16日	
	尾濑国立公园	2007年8月30日	

（续）

所属区域	公园名称	设立时间	备注
环境省自然环境局中部地方环境事务所辖区	中部山岳国立公园	1934年12月4日	
	上信越高原国立公园	1949年9月7日	
	伊势志摩国立公园	1946年11月20日	
	白山国立公园	1962年11月12日	由白山国定公园升格
环境省自然环境局近畿地方环境事务所辖区	吉野熊野国立公园	1936年2月1日	
	山阴海岸国立公园	1963年7月15日	由山阴海岸国定公园升格
环境省自然环境局中国四国地方环境事务所辖区	大山隐岐国立公园	1936年2月1日	最初名为大山国立公园
	足折宇和海国立公园	1972年11月10日	由足折国定公园升格
环境省自然环境局近畿、中国四国、九州地方环境事务所共同管辖	濑户内海国立公园	1934年3月16日	
环境省自然环境局九州地方环境事务所辖区	云仙天草国立公园	1934年3月16日	最初名为云仙国立公园
	阿苏九重国立公园	1934年12月4日	最初名为阿苏国立公园
	雾岛屋久国立公园	1934年3月16日	最初名为雾岛国立公园
	西海国立公园	1955年3月16日	
	西表石垣国立公园	1972年5月15日	最初名为西表国立公园
	屋久岛国立公园	2012年3月16日	由雾岛屋久国立公园分离

　　与许多国家不同，日本的国家公园由国有土地、集体土地和私有土地构成。其中，国立公园中，国有土地占62%、公有土地占13%、私有土地占

25%。国定公园中，国有土地占47%、公有土地占15%、私有土地占35%。因此，日本的国家公园的归属权，也分国家所有、地方政府所有、私人所有，许多村落、住宅和农业林业等产业用地都分布在国家公园内。

日本的国立公园和国定公园均分为特别地区和普通地区两类，占比分别为72.1%、27.9%和93.1%、6.9%。且在特别地区中均存在特别保护区，占比分别为13.3%和4.9%。30处国立公园的特别地区面积占比最小的为31.5%，最大的为100%，除特别保护区之外，还划分为第一、第二、及第三类特别区域。56处国定公园的特别地区面积占比最小的也达到90.6%，其种类划分方式与国立公园相同。

日本自然公园保护范围十分广泛。从河流及海岸线看，日本113条主要河流的8%、海岸线的44%在国立公园和国定公园的保护范围内。从植被情况看，自然公园的保护对象，不仅包括原始天然植被，由次生草原等构成的牧野景观也作为保护对象，天然草原、天然林、接近天然次生林的21%，次生林的6%，人工林的7%，草原的11%，耕地的2%均在自然公园制定范围内。

二 日本国家公园的概念和选定标准

1. 日本国家公园的概念

日本的国家公园是指根据《自然公园法》，由政府指定并管理的、具有日本代表性和世界意义的自然风景地，它分为国立公园、国定公园、都道府县立自然公园三类。

国立公园指的是环境大臣在听取相关都道府县及环境审议会的审议基础上，根据《自然公园法》第五条第一项规定所指定的，具有全国风景代表性的自然风景胜地（包括海洋景观）。国立公园由国家环境省直接管理。

国定公园为仅次于国立公园的优美风景区，由相关都道府县提出申请，环境大臣在听取环境审议会意见后，根据《自然公园法》第五条第二项规定所指定的，参照国立公园标准的自然风景胜地。国定公园由都道府县进行管理。

都道府县立自然公园指的是都道府县根据《自然公园法》第七十二条规定指定的自然风景胜地。它能够代表地方的优美风景区，由都道府县知事进行指定，归都道府县管理。

2. 日本国家公园的选定标准

日本不同类型的国家公园选定标准不同。国立公园是环境大臣听取了相关都道府县及中央环境审议会（以下称"审议会"）的意见后，确定区域后指定的。国定公园是环境大臣根据相关都道府县的申请，听取审议会的意见后，确定区域后指定的。且环境大臣在指定国立公园或者国定公园的时候，必须在官方报纸上公示其宗旨及区域。国立公园及国定公园的指定，也必须在前项的公示之后才正式生效。

同时，日本国家公园原则上应有超过20km²的核心景区，核心区保持着原始景观；除此之外，还需要若干生态系统未因人类开发和占有而发生显著变化、动植物种类及地质地形地貌具有特殊科学教育娱乐等功能的区域。

三　日本国家公园的相关法律体系

1. 日本国家公园的法律体系介绍

日本国家法律立法比较全面，既有专门针对国家公园管理的《自然公园法》，也有相关的法律规则制度辅助《自然公园法》的实施。

日本的国家公园保护与管理主要基于《自然公园法》，该法案于1957年6月颁布实施，最新修订时间为2013年6月1日，包括：总则、国立公园与国定公园、都道府县立自然公园、罚则以及附则等内容。其中，国立公园与国定公园部分分别就公园的指定、公园计划、公园事业、保护及利用、生态系统维持与恢复事业、风景地保护协定、公园管理团体、费用以及杂则等做出了详细的规定。

为保障《自然公园法》的实施，日本政府还颁布了《自然公园法施行令》、《自然公园法施行规则》等配套法规。并于2013年5月最新出台了《国立公园及国定公园候选地确定方法》、《国立公园及国定公园调查要领》等相关文件,同时发布了《国立公园规划制订要领》等重要文件,包括国立公园规划制订要领,国立公园指定书、规划书以及规划变更书等制订要领,国立公园所在地区图与规划图制订要领,以及国立公园规划修改要领,国定公园指定及规划制订,都道府县自然公园指定及规划制订等。

与国家公园相关的其他法律、法规还包括:《鸟兽保护及狩猎正当化相关法》及施行令与施行规则、《自然环境保全法》及施行令与施行规则、《自然环境保全基本方针》、《自然再生推进法》、《濒危野生动植物保护法》及施行令与施行规则、《国内特定物种事业申报相关部委令》、《国际特定物种事业申报相关部委令》、《特定未来物种生态系统危害防止相关法》及施行令与施行规则。

2. 日本国家公园核心法规辑要

(1)《自然公园法》辑要

自然公园在1957年制定,最新修订在2013年,主要内容如下:

①国家公园的行政管理

日本的环境大臣管理国家公园,地方政府管理准国家公园,它们分别指定公园管理组织。这个组织是一个综合协会,用来协调国家公园或者准国家公园内自然景观的保护和利用的相关事务。

公园管理组织的职责主要包括:在《自然景观保护协定》的框架下管理自然景观的优美性和促进保护自然景观优美性的活动;维护和管理国家公园或者准国家公园内的设施;收集和保存有关国家公园或者准国家公园保护的信息和材料以及提升它们的用途;提供有关国家公园或者准国家公园保护合适的建议和指导以及提升它们的用途;学习和研究有关国家公园或者准国家公园保护的方法以及提升它们的用途。

②自然公园计划

为保护及合理利用自然公园,根据《自然公园法》的规定,每一公园均要制订自然公园计划。根据该计划制定自然公园内设施的种类及配置、保护程度的强弱。国立公园计划由环境大臣听取相关都道府县及审议会的意见后，由环境大臣决定。国定公园计划由环境大臣根据相关都道府县提出的申请，听取审议会意见后由环境大臣决定。都道府县自然公园计划由都道府县知事在听取相关市、区、村及审议会意见后进行决定。公园计划大体分为保护计划和利用计划，保护计划包括保护方面的限制计划和设施计划，利用计划包括利用方面的限制计划和设施计划（图10-1）。都道府县自然公园无保护方面的限制计划、特别保护区及海上公园区制度。自然公园的管理依据公园管理计划书所规定细则进行管理，设置公园内的设施，比如把公园内的利用设施分成了11项大类，共37种，这11项大类包括公园基础设施、运输设施、游乐设施等多个方面。

国立公园的管理是基于被认定的自然公园计划进行的，计划书要对公园的各区域概要、建筑物特征、需特别保护的动植物以及相应的自然景观等给予详细的描述，并以此为基准来开展相应的自然景观保护工作。依据《自然公园法》被指定的国立公园，保护其独特的自然景观为主要目的，为此，要对各种改变和破坏自然景观的行为加以严格地约束与惩罚，如：建筑物的建设、木材等的采伐、土石的挖采、动植物的捕获及猎取等，以确保自然景观系统的生物多样性。鉴于国立公园的利用者会对公园的自然景观、生物多样性等产生影响，应严格执行相应的申报及许可制度，控制人数及停留时间。自1990年12月开始，由环境大臣指定的特别地区，禁止机动车辆的进入，对允许进入的区域，在停车场容量、尾气排放等方面也要实行严格的管制。每隔5年，环境省会组织实施"自然公园利用状态"调查，对自然公园的保护和利用计划进行重新审定和更新。

风景地保护协议制度是在土地所有者管理不充分的情况下，为加强国立公园和国定公园的自然景观保护，由环境大臣、地方公共团体、公园管理机构以及土地所有者共同缔结的自然景观保护协定，以代替土地所有者承担相应的自然景观保护及管理责任。如：2004年3月签订的下荻草原风景地保护协定、2011年11月签订的汤之丸高原风景地保护协定等，分别交由公益财团法人与特定非盈利性活动法人出面管理。若国立公园或国家指定的鸟兽保护区中包含大量的私有土地，私有土地中自然环境优越的部分，可以基于所有者的申请，由环境省出面购买下来，以便加强保护。

（a）**保护计划。**自然公园所辖区域的很大一部分是私有土地，为便于管理，需要进行特殊保护的区域国家可以直接进行购买。整个自然公园地区按照风景秀丽等级、自然生态系统的完整性、人类活动对自然环境的影响程度、游客使用的重要性等指标分为特别地区和普通地区。

另外保护方面的限制计划中规定，在特别美丽的风景区，因利用人数的增多对自然生态系统产生不良影响时，可通过设定"利用调整区"来调整利用者人数，规定车辆的通行区间及通行时间等，以推进自然生态系统的保护及持续利用。如因动力雪橇等车辆进出严重地影响了野生动植物的生存环境。因此，环境省规定在大雪山等17个国立公园的32个地区和9个国定公园的14个地区，限制车辆进入。

自然公园中丰富而珍贵的动植物资源不仅构成了多样性的生态系统，其生息环境在自然景观构成要素中也同样具有重要地位。针对自然公园无秩序开发和过度利用状况，通过保护方面的限制计划，对不同公园规划出"特别保护区"、"特别区（第一、二、三类）"、"海上公园区"、"普通区"等6种区域，依据保护类别规定限制行为的种类及规模。特别保护区为公园中最美丽的自然景观区域，保持有原始状态的区域，该区域采取最严格措施进行保护，禁止一切捕猎、植树、篝火等行为。第一类特别区自然景观秀美程度仅次于特别保护区，在特别区中属最应该保护其景致的区域。第二类特别区对农业、林业、渔业尽可能规范管理区域。第三类特别区风景保护的必要性低于第一类和第二类特别区，不限制日常的农业、林业、渔业活动区域。在特别区（第一、二、三类）中，禁止房屋新建改建、土木工事、制定竹木的采伐、开采土石、广告宣传物的粘贴等行为。海上公园区有热带鱼、珊瑚、海藻等丰富的海洋生物及特殊海底景观区域。普通区不包括在特别区和海上公园区的风景保护区，受放牧、耕作等人为影响较多，是特别区和海上公园区与自然公园区域外之间的缓冲地带。公园计划中划分的特别保护区、特别区、海上公园区中，进行建筑物的设置等开发行为时，需要环境大臣或都道府县知事的同意。即便是在普通区进行工事等行为时，也需要向环境大臣或都道府县知事提出申请，获得允许。保护设施计划是指为复原已荒废的自然景观或防止危害发生所需要的保护设施建设规划，如植物恢复设施、动物繁殖设施、水土保持设施以及防火设施等（图10-1）。

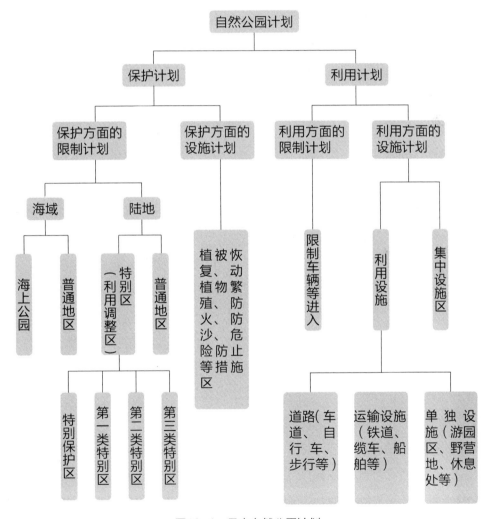

图10-1　日本自然公园计划

（b）**利用计划**。利用设施规划是指为集中建设国立公园的管理与利用据点，或适当的利用设施而制订的、避免对自然景观带来不必要负面影响的规划。在利用方面的设施计划中，对公园利用设施、恢复自然环境及防止危险发生等所需设施要做出计划。根据该计划设置各种设施，道路、公厕、植被恢复设施等公共设施多由国家或地方自治体设置，宿舍等营业设施多由民间个人设置。

（2）《自然环境保全法》辑要

《自然环境保全法》颁布于1973年，目的在于确立自然环境保全的基本设想及其他关于自然环境保全的基本事项，主要内容如下。

①受限制的活动

原生态自然环境保全区内不得进行下列各项规定的活动，但此规定对经环境省长官同意或许可的科研和其他公益活动或因遇紧急事态而采取的应急措施除外：第一，修建、改建、扩建各种房屋及其他建筑物；第二，为作宅基地、垃圾场或其他场所而使该地的地形发生变化；第三，开采矿藏、挖掘泥土、石头；第四，填埋表水或拓干湿地；第五，改变河流、湖泊、沼泽地等的水位或改变其水量；第六，采伐或毁坏树林及竹林；第七，采伐竹、木之外的植物或采集它们的枝叶；第八，种植竹子或树木；第九，捕获动物或收集它们的卵；第十，放牧牲畜；第十一，用火；第十二，在露天堆放物件；第十三，骑马、行车或降落飞机；第十四，除以上诸款规定行为外，政令规定的可能影响原生态自然环境保全区自然环境保全的其他行为。

②特殊区域的保护

环境省长官如认为为保护特殊区内某些特殊的野生动物、植物所特别必要，则可据自然环境保全区的保全规划，在该区内为每一种野生动物、植物确定野生生物保护区。任何人不得在野生生物保护区内获取野生动物（包括它们的卵）及采集野生植物。但规定不适用于下列各项所述的情况：持法律规定许可证者实施所许可的行为；为应付紧急事态而采取的应急行为；为实施自然环境保全区保全作业而进行的行为；国家及地方公共团体据法令规定而实施的行为及对自然保全区自然环境保全不会产生影响的行为；国家及地方公共团体据法令规定而实施的正常的管理活动及不会影响自然环境保全区内自然环境保全的行为；持有环境省长官据特别需要而颁发的许可证者实施的经许可的、不属于以上各项所列的行为。

环境省长官可据自然环境保全区保全规划确定该区内某些海区为特殊海区。不持环境省长官颁发的许可证，不得在特殊海区内从事下述各项所列之活动。但本规定对为应付紧急事态而采取的各种应急措施及为设置渔业器具或建造其他渔业工程而进行的下述第一项、第二项、第三项及第六项所列的活动不适用：第一项，修建、改建、扩建任何建筑物；第二项，改变海床地形；第三项，开采矿藏、采集泥土、砂石；第四项，填埋海域或拓干海滩；第五项，捕获热带鱼、珊瑚、海藻、海草或环境省长官在征得农林水产大臣同意后为每一个特殊海区规定的其他动物、植物；第六项，系留任何物件。

四　日本国家公园的管理模式

1. 管理机制

在日本，环境省按地区设立相应的环境事务所，负责对辖区内的国立公园进行管理。目前日本环境省在全国设有11个自然保护事务所，自然保护事务所下设67个自然保护官事务所，专门负责国立公园的管理事务。除辖区内每个国立公园均设有自然保护官事务所对国立公园实行现地管理外，在国立公园数量较多的地区，还设有二级管理机构——自然环境事务所，如北海道地区的钏路自然环境事务所、中部地区的长野自然环境事务所、中国四国地区的高松自然环境事务所以及九州地区的那霸自然环境事务所等，这些机构也分别管理着若干国立公园及相应的自然保护官事务所。

自然保护事务所的管理人员——自然保护官，是国家公务员，其主要工作为进行"计划立案"、协调当地地方团体及公园土地所有者的关系、给游人进行自然解说等管理事务。国定公园和都道府县自然公园的管理，由各地方环境局下属的自然环境科（或自然公园科等）进行统一管理。另外，自然公园的管理通过"自然公园指导员"进行辅助管理。自然公园指导员是由保护事务所长、都道府县知事及国立公园协会会长推荐，受自然环境局局长委托的志愿者，任期2年，其工作内容包括指导游人进行线路选择、自然风景的解说、通报公共设施的损坏及因垃圾等造成的环境污染情况等。到2006年，自然公园指导员人数已达到2971名，他们以不同的形式对游人进行着指导，在自然保护思想的普及、公园美化、防止事故等方面都做出了显著的贡献。

除自然保护官外，日本国家公园的管理还有其他一些相关人员和组织参与其中。包括：护林员为环境省的非常勤人员，作为自然保护官的辅佐，主要负责公园内的巡逻、调查、解说以及与地方志愿者的协调等方面的工作。地方志愿者为登录到国立公园管理系统的志愿人员，目前全日本约有2000人，主要从事解说、美化清扫、设施的简单维修以及调查等工作。自然公园指导员为厚生省委派的国立公园管理人员，目前全日本共有2789人，负责监督来访人员遵守规则、防止事故的巡逻等任务，并负责公园设施的损坏状况报告。公园管理团体是为推进自然公园保护与管理，由民间团体或市民自发组织的、经国立公园上报、环境大臣认可的公益法人或非盈利性活动法人（NPO）。学生公园护林员是环境省与文部科学省于1999年启动的一项合作活动，组织公园当地的中小学生，在自然保护官与护林员的指导下，不定期地开展一些相对简单的调查及自然公园保护与管理工作。

此外，为进一步加强自然公园的保护与管理，公园管理者还采取了多种形式，开展与当地居民及民间团体之间的协作。如：自然公园清洁日活动，以驱除外来物种、修复登山道等为目的的绿色作业活动，以及山上小屋及排水设施建设等山岳环境保全对策支援活动等。

2. 资金机制

日本对于自然公园的投资非常大，投资金额从几百亿到几千亿日元，投资经费主要来源于国家环境省和各级地方政府拨款，自然公园的管理活动主要依赖财政拨款，基本不依赖于公园的自营收入和其他形式的资金来源。日本自然公园资金筹措的其他形式还有自筹、贷款、引资等，比如自然公园内商业经营者上缴的管理费或利税，通过基金会形式向社会募集的资金、地方财团的投资等等，其中地方财团的投资相当大，占据着重要的地位。

国立公园的管理等经费由相关管理机构支付，部分由国家补贴，并列入环境省年度预算。2014年度自然公园等的事业费为75.31亿日元，另有15.88亿日元的预算专门用于日本国立公园和世界遗产的地区推广。

3. 经营机制

日本国家公园当今的发展理念是使国民享受到保护较好的遗产资源和舒适的游憩环境，可以适度经营，其经营的显著特点是国家与地方政府共同参与，经营机制均为政企分开，有特许经营。

关于公园内的旅游开发，在旅游设施建设方面，公共设施如自然道路、防火设施、卫生设施、游客中心、停车场、野营地、风景点等由国家环境省和环境省支持下的地方公共团体共同投资营建，二者所提供的经费比例为1：2或1：3。在国家公园的游客服务和设施供给方面，日本的管理体制和方法是：第一，为了促进对国家公园的充分利用，允许地方公共团体和个人按照国家公园的使用规划提供服务设施。第二，公共设施的提供。为了以合理的方式保护国家公园、让人民群众安全舒适地休闲游览，鼓励提供贴近自然的服务设施。第三，特许承租人提供的设施。按照日本《自然公园法》，个人在取得国家环境省国家公园的经营执照后，可以经营酒店、旅馆、滑雪场和其他食宿设施。第四，国家度假村。在国家公园内，自然环境优美的地方建立以娱乐为目的的国家度假村。度假村的特点是，住宿设施有益于健康、简洁、不昂贵，并且与户外的其他设施浑然成为一体。

第十一章

台湾地区
国家公园体制

一 台湾地区国家公园的发展历程与现状

1. 台湾地区国家公园的发展历程

在20世纪初期，国家公园已如火如荼地在国际间发展成立，当时的台湾正历经战乱与经济萧条，因此无暇顾及国家公园及自然保护。在被日本占领时期，因殖民地关系指定了一些国家公园预定地。台湾地区国家公园的发展历程主要包括以下几个时期。

（1）殖民期（1935-1937年）

台湾早在日本占据（以下简称日据）时代即由当时的台湾总督府选定三处国家公园预定地，分别为"新高阿里山国立公园"（面积18万hm^2）、"次高太鲁阁国立公园"（面积26万hm^2）、"大屯国立公园"（面积2.5万hm^2），占全台湾岛面积的13％，并曾以当时台湾总督为召集人设立国立公园委员会着手规划工作，于1938年宣告成立3个国立公园，后因为太平洋战争爆发而终止相关的建设工作。

（2）立法期（1938-1972年）

在这一时期，观光局成立"国家公园法拟定小组"，结集热心资源保育学者、专家及相关单位进行法规的起草工作，在1972年6月13日由总统明令公布《国家公园法》并实施。当时选定"太鲁阁国家公园"为第一处预定地，后来因为保育观念未能普及，并没有积极展开推动工作。

（3）开拓期（1973-1981年）

1977年9月1日，当时担任行政院院长的前总统蒋经国巡视恒春垦丁地区时表示："从事建设应顾及天然资源与生态之保护，从恒春到垦丁鹅銮鼻这一区域可依《国家公园法》规划为国家公园，以维护该区优良之自然景观"。然后由内政部优先规划垦丁地区为台湾第一座国家公园。1979年4月行政院院会通过《台湾地区综合开发计划》，其中指定玉山、垦丁、雪山、大霸尖山、太鲁阁、苏花公路、东部海岸公路、兰屿、南横纵谷等地区为国家公园预定区域，责成内政部积极规划与建设。内政部并于1979年9月成立国家公园计划委员会，专门负责有关国家公园的审查与监督事宜。

（4）成立期（1981年迄今）

内政部于1981年3月修改组织法并成立营建署，其下设国家公园组专责国家公园的调查与规划工作。国家公园的推动情形如下：

①1984年1月1日内政部公告成立垦丁国家公园管理处，以管理园区陆域面积17731hm²、海域14900hm²。

②玉山国家公园管理处于1985年4月10日成立，管辖的高山环境面积达105490hm²，亦是日据时期"新高阿里山国立公园"的精华自然生态区域。

③阳明山国家公园管理处于1985年9月16日成立，环绕台北都会区，面积为11456hm²，为日据时期"大屯国立公园"的核心精华区。

④1986年11月28日成立太鲁阁国家公园管理处，对世界闻名的太鲁阁峡谷、合欢山与清水断崖有了具体的保护，并为"次高太鲁阁国立公园"的北侧原始生态区。

⑤1992年7月1日成立雪霸国家公园管理处，将原是日据时期"次高太鲁阁国立公园"的西北范围保护下来。

⑥1995年10月17日成立金门国家公园管理处，进行各项古迹、战役地及金门独特文化的维护措施。

2. 台湾国家公园的发展现状

自1972年我国台湾地区《国家公园法》颁布以来，台湾地区共成立了8个国家公园（表11-1），分别属于山岳、海洋、都会、战地、环礁、湿地等不同形态与风格，对保护台湾地区特有的自然风景、野生动物和历史遗迹发挥了重要的作用。

表11-1 台湾地区国家公园基本情况一览表

国家公园	所在区域	面积（hm²）	占台湾岛比例（%）	建立时间
垦丁国家公园	南区	17731（陆域）	0.492（陆域）	1984年1月1日
		14900（海域）		
玉山国家公园	中区	105490	2.931	1985年4月10日
阳明山国家公园	北区	11456	0.318	1985年9月16日
太鲁阁国家公园	东区	92000	2.555	1986年11月28日
雪霸国家公园	中区	76850	2.134	1992年7月1日
金门国家公园（离岛）	离岛	3780		1995年10月18日
东沙环礁国家公园	离岛			2007年1月17日
台江国家公园	南区			2009年10月15日

综观台湾地区国家公园的建设，虽然起步较晚，但进入20世纪80年代以来发展迅速，所制定的国家公园法及其实施细则已赋予这些国家公园发挥生态保护的功能。由于这8个国家公园数量有限、面积有限，在确定的管理机构（台湾"内政部"→"营建署"→"管理处"）的政策下，已有较好的规划、保护和管理，但也存在事权不统一的现象，建设经费浪费大，一些台湾学者建议，这些国家公园应合并，效仿美国、日本的国家公园系统及自然公园系统的规模与经验，来建立有自己特色的公园系统或是风景区系统；同时亦可纳入"林务局"管理的森林游乐区、"教育部"管理的海水浴场、"文化遗产保存法"指定的珍贵稀有动植物、自然保留区，这样可充分发挥国土保护、生态保育及教育游乐的功能。

二 台湾地区国家公园的概念和选定标准

1. 台湾地区国家公园的概念

国家公园不同于都市公园、游乐园，它的设立系保护本区特有之自然风景、野生动植物及史迹，并提供国民娱乐及研究。国家公园的主要职责包括：①提供保护性的自然环境；②保存生物多样性；③提供国民游憩及繁荣地方经济；④促进学术研究及环境教育。

2. 台湾地区国家公园的选定标准

台湾地区国家公园依据《国家公园法》第一条及第六条的规定设立，其选定标准如下：

①具有特殊自然景观、地形地物、化石及未经人工培育自然演进生物之野生或孑遗动植物，足以代表国家自然遗产者。

②具有重要之史前遗迹、史后古迹及其环境，富有教育意义，足以培养国民情操，而由本区长期保存者。

③具有天赋娱乐资源，风景特异，交通便利，足以陶冶国民性情，供游憩观赏者。

三 台湾地区国家公园的相关法规辑要

1. 台湾地区国家公园的法律体系介绍

台湾地区国家公园立法比较全面，目前有5部针对国家公园体系的立法，各个国家公园还有专门的管理规则，形成了较为完整的法律体系。其中，《国家公园法》是台湾内政部专门针对国家公园管理的法律章程，台湾与国家公园相关的法律条文及主管机关见表11-2。

表11-2 台湾地区国家公园相关法律

法律名称	保育区名称	主管机关
森林法	为管理国有林之需要，规划设"国有林自然保育区"	农委会（林业处）
国家公园法	具有特殊自然景观等足以代表国家自然遗产者，规划设为"国家公园"	内政部（营建署）

（续）

法律名称	保育区名称	主管机关
文化资产保存法	为保育自然之需要，所指定具有保存价值之自然区域称为"生态保育区"与"自然保留区"	农委会（生态部分）
野生动物保育法	就野生动物重要栖息环境有特别保护必要者，得划定为"野生动物保护区"	农委会
渔业法	为保育渔业资源，得划设"水产动植物繁殖保育区"	农委会（渔业署）

（1）国家公园法

台湾地区《国家公园法》于1972年6月13日公布，最新修订日期在2010年12月，其立法目的在于保护国家特有之自然风景、野生动植物以及史迹，主管机关为内政部营建署，自从第一座国家公园于垦丁成立之后，陆续设立的8座国家公园对台湾自然生态、特殊景观以及古迹的保存都有极大的贡献。国家公园划定之后，对于国家公园内不同区域都有不同强度的管制，或多或少地限制了人民（不论是进入公园的游客，或是土地位于国家公园内的地主）的权利，因此，依照法律保留原则，必须要有法律的授权才可以，此也是《国家公园法》中已立法订定的管制事项。

（2）部门章程

为了更好地管理台湾地区国家公园，台湾相关部门颁布了《台湾地区国家公园法施行细则》、《台湾地区国家公园或风景特定区内森林区域管理经营配合办法》、《台湾地区森林游乐区设置管理办法》、《台湾地区发展观光条例》、《台湾地区温泉区土地及建筑物使用管理办法》、《自然保护区设置管理办法》等规章。这些规章同样具有法律效力。如果一项成文法清晰地指出国家公园管理处的权利与义务，而内政部的部门规章又很清楚地细化了成文法的相关内容，法院就会认可这些部门规章，同时内政部就可据它管理国家公园体系。

（3）其他相关法律

除上述各项法律外，以下台湾地区法律也对台湾国家公园体系的管理产生重要影响，包括《台湾地区森林法》、《台湾地区水土保持法》、《文化资产保存法》、《野生动物保育法》、《渔业法》等等，这些法律不仅为国家公园管理处管理公园内部事务提供了依据，而且也是解决公园边界内外纠纷的有力工具。

2. 台湾地区国家公园核心法规辑要

（1）《国家公园法》辑要

《国家公园法》规定了台湾地区国家公园管理的基本职责，主要内容如下：

①国家公园的行政管理

国家公园主管机关为内政部，负责选定、变更或废止国家公园区域或审议国家公园计划，设置国家公园计划委员会。国家公园的设立、废止及其区域之划定、变更，由内政部报请行政院核定公告。国家公园设管理处，其组织通则另定。

②国家公园对土地的管理

国家公园区域内实施国家公园计划所需要的公有土地，得依法申请拨用。区域内私有土地，在不妨碍国家公园计划原则下，准予保留作原有使用。但为实施国家公园计划需要私人土地时，得依法征收。为勘定国家公园区域，订定或变更国家公园计划，内政部或其委托之机关得派人员进入公私土地内实施勘查或测量，但应事先通知土地所有权人或使用人。为勘查或测量，如使土地所有权人或使用人之农作物、竹木或其他障碍物遭受损失时，应予以补偿；其补偿金额，由双方协议，协议不成时，由其上级机关核定。

国家公园得按区域内现有土地利用形态及资源特性，划分为不同区域进行管理：一般管制区、游憩区、史迹保存区、特别景观区、生态保护区。

③国家公园对破坏行为的管理

台湾国家公园明确规定禁止以下行为：焚毁草木或引火整地；狩猎动物或捕捉鱼类；污染水质或空气；采折花木；于树木、岩石及标示牌加刻文字或图形；任意抛弃果皮、纸屑或其他污物；将车辆开进规定以外之地区；其他经国家公园主管机关禁止之行为。

生态保护区应优先于公有土地内设置，其区域内禁止采集标本、使用农药及兴建一切人工设施。但为供学术研究或为供公共安全及公园管理上特殊需要，经内政部许可者，不在此限。特别景观区及生态保护区内之水资源及矿物之开发，应经国家公园计划委员会审议后，由内政部呈请行政院核准。学术机构得在国家公园区域内从事科学研究，应先将研究计划送请国家公园管理处同意。

④经费管理

国家公园事业所需费用，在政府执行时，由公库负担；公营事业机构或公私团体经营时，由该经营人负担。政府执行国家公园事业所需费用分担，经国家公园计划委员会审议后，由内政部呈请行政院核定。内政部得接受私人或团体为国家公园发展所捐献之财物及土地。

（2）《台湾地区发展观光条例》辑要

《台湾地区发展观光条例》最新于2011年4月修订，目的是发展观光产业，宏扬中华文化，永续经营台湾特有之自然生态与人文景观资源，敦睦国际友谊，增进国民身心健康，加速国内经济繁荣，主要内容包括：

①规划建设

观光产业综合开发计划，由中央主管机关拟订，报请行政院核定后实施。

各级主管机关，为执行前项计划所采行之必要措施，有关机关应协助与配合。中央主管机关为配合观光产业发展，应协调有关机关，规划国内观光据点交通运输网，开辟国际交通路线，建立海、陆、空联运制；并得视需要于国际机场及商港设旅客服务机构；或辅导直辖市、县（市）主管机关于重要交通转运地点，设置旅客服务机构或设施。

国内重要观光景点，应视需要建立交通运输设施，其运输工具、路面工程及场站设备，均应符合观光旅行的需要。

为维持观光地区及风景特定区之美观，区内建筑物的造形、构造、色彩等及广告物、摊位的设置，得实施规划限制；其办法，由中央主管机关会同有关机关定。

具有大自然优美景观、生态、文化与人文观光价值的地区，应规划建设为观光地区，该区域内的名胜、古迹及特殊动植物生态等观光资源，各目的事业主管机关应严加维护，禁止破坏。

为保存、维护及解说国内特有自然生态资源，各目的事业主管机关应于自然人文生态景观区设置专业导览人员，旅客进入该地区，应申请专业导览人员陪同进入，以提供旅客详尽说明，减少破坏行为发生，并维护自然资源的永续发展。自然人文生态景观区的划定，由该主管机关会同目的事业主管机关划定。专业导览人员的资格及管理办法，由中央主管机关会同各目的事业主管机关定。

②经营管理

经营观光旅馆业者，应先向中央主管机关申请核准，并依法办妥公司登记后，领取观光旅馆业执照，始得营业。

观光旅馆业业务范围如下：客房出租；附设餐饮、会议场所、休闲场所及商店之经营；其他经中央主管机关核准与观光旅馆有关之业务。

主管机关为维护观光旅馆旅宿的安宁，得会同相关机关订定有关规定。

主管机关对各地特有产品及手工艺品，应会同有关机关调查统计，辅导改良其生产及制作技术，提高品质，标明价格，并协助在各观光地区商号集中销售。

经营观光游乐业者，应先向主管机关申请核准，并依法办妥公司登记后，领取观光游乐业执照，始得营业。

为促进观光游乐业发展，中央主管机关应针对重大投资案件，设置单一窗口，会同中央有关机关办理。

主管机关对观光旅馆业、旅馆业、旅行业、观光游乐业或民宿经营者经营管理、营业设施，得实施定期或不定期检查。

观光旅馆业、旅馆业、旅行业、观光游乐业或民宿经营者不得规避、妨碍或拒绝前项检查，并应提供必要协助。

观光旅馆业、旅馆业、观光游乐业及民宿经营者，应悬挂主管机关发给的观光专用标识；其形式及使用办法，由中央主管机关定。

前项观光专用标识的制发，主管机关得委托各该业者团体办理。

观光旅馆业、旅馆业、观光游乐业或民宿经营者，经受停止营业或废止营业执照或登记证处分者，应缴回观光专用标识。

③奖励及处罚

观光旅馆、旅馆与观光游乐设施的兴建及观光产业经营、管理，由中央主管机关会同有关机关订定奖励项目及标准奖励。

民间机构开发经营观光游乐设施、观光旅馆经中央主管机关报请行政院核定者，其所需的联外道路得由中央主管机关协调该管道路主管机关、地方政府及其他相关目的事业主管机关兴建。

民间机构经营观光游乐业、观光旅馆业、旅馆业之贷款经中央主管机关报请行政院核定者，中央主管机关为配合发展观光政策之需要，得洽请相关机关或金融机构提供优惠贷款。

为加强国际观光宣传推广，公司组织的观光产业，得在下列用途项下支出金额10%～20%限度内，抵减当年度应纳盈利事业所得税额；当年度不足抵减时，得在以后四年度内抵减：配合政府参与国际宣传推广之费用；配合政府参加国际观光组织及旅游展览之费用；配合政府推广会议旅游之费用。

外籍旅客向特定营业人购买特定货物，达一定金额以上，并于一定期间内携带出口者，得在一定期间内办理退还特定货物的营业税；其办法，由交通部会同财政部定。

主管机关为加强观光宣传，促进观光产业发展，对有关观光之优良文学、艺术作品，应予奖励；其办法，由中央主管机关会同有关机关定。中央主管机关，对促进观光产业之发展有重大贡献者，授给奖金、奖章或奖状表扬。

观光旅馆业、旅馆业、旅行业、观光游乐业或民宿经营者，有玷辱国家荣誉、损害国家利益、妨害善良风俗或诈骗旅客行为者，处新台币三万元以上十五万元以下罚款；情节重大者，定期停止其营业之一部分或全部，或废止其营业执照或登记证。经受停止营业之一部分或全部的处分，仍继续营业者，废止其营业执照或登记证。

损坏观光地区或风景特定区的名胜、自然资源或观光设施者，有关目的事业主管机关得处行为人新台币五十万元以下罚款，并责令恢复原状或偿还修复费用。其无法恢复原状者，有关目的事业主管机关得再处行为人新台币五百万元以下罚款。

旅客进入自然人文生态景观区未依规定申请专业导览人员陪同进入者，有关目的事业主管机关得处行为人新台币三万元以下罚款。

 链接10

台湾地区《国家公园法》

第八七八号令制定公布全文三十条

［第一条］为保护国家特有之自然风景、野生生物及史迹，并供国民之娱乐及研究，特制定本法。

［第二条］国家公园之管理，依本法之规定；本法未规定者，适用其他法令之规定。

［第三条］国家公园主管机关为内政部。

［第四条］内政部为选定、变更或废止国家公园区域或审议国家公园计划，设置国家公园计划委员会，委员为无给职。

［第五条］国家公园设管理处，其组织通则另定之。

［第六条］国家公园之选定标准如下：一、具有特殊自然景观、地形、地物、化石及未经人工培育自然演进生长之野生或孑遗动植物，足以代表国家自然遗产者。二、具有重要之史前遗迹、史后古迹及其环境，富有教育意义，足以培育国民情操，需由国家长期保存者。三、具有天赋娱乐资源，风景特异，交通便利，足以陶冶国民性情，供游憩观赏者。

［第七条］国家公园之设立、废止及其区域之划定、变更，由内政部报请

行政院核定公告之。

[第八条] 本法有关主要名词释义如下：

一、野生物：系指于某地区自然演进生长，未经任何人工饲养、抚育或栽培之动物及植物，而为自然风景主要构成因素。

二、国家公园计划：系指供国家公园整个区域之保护、利用及开发等管理上所需之综合性计划。

三、国家公园事业：系指依据国家公园计划所决定，而为便利娱乐、观光及保护公园资源而兴设之事业。

四、一般管制区：系指国家公园区域内不属于其他任何分区之土地与水面，包括既有小村落，并准许原土地利用形态之地区。

五、游憩区：系指适合各种野外娱乐活动，并准许兴建适当娱乐设施及有限度资源利用行为之地区。

六、史迹保存区：系指为保存重要史前遗迹、史后文化遗址及有价值之历代古迹而划定之地区。

七、特别景观区：系指无法以人力再造之特殊天然景致，而严格限制开发行为之地区。

八、生态保护区：系指为供研究生态而应严格保护之天然生物社会及其生育环境之地区。

[第九条] 国家公园区域内实施国家公园计划所需要之公有土地，得依法申请拨用。前项区域内私有土地，在不妨碍国家公园计划原则下，准予保留作原有之使用。但为实施国家公园计划需要私人土地时，得依法征收。

[第十条] 为勘定国家公园区域，订定或变更国家公园计划，内政部或其委托之机关得派员进入公私土地内实施勘查或测量。但应事先通知土地所有权人或使用人。为前项之勘查或测量，如使土地所有权人或使用人之农作物、竹木或其他障碍物遭受损失时，应予以补偿；其补偿金额，由双方协议，协议不成时，由其上级机关核定之。

[第十一条] 国家公园事业，由内政部依据国家公园计划决定之。前项事业，由国家公园主管机关执行；必要时，得由地方政府或公营事业机构或公

私团体经国家公园主管机关核准，在国家公园管理处监督下投资经营。

[第十二条] 国家公园得按区域内现有土地利用型态及资源特性，划分下列各区管理之：一、一般管制区。二、游憩区。三、史迹保存区。四、特别景观区。五、生态保护区。

[第十三条] 国家公园区域内禁止下列行为：一、焚毁草木或引火整地。二、狩猎动物或捕捉鱼类。三、污染水质或空气。四、采折花木。五、于树林、岩石及标示牌加刻文字或图形。六、任意抛弃果皮、纸屑或其他污物。七、将车辆开进规定以外之地区。八、其他经国家公园主管机关禁止之行为。

[第十四条] 一般管制区或游憩区内，经国家公园管理处之许可，得为下列行为：一、公私建筑物或道路、桥梁之建设或拆除。二、水面、水道之填塞、改道或扩展。三、矿物或土石之勘采。四、土地之开垦或变更使用。五、垂钓鱼类或放牧牲畜。六、缆车等机械化运输设备之兴建。七、温泉水源之利用。八、广告、招牌或其他类似物之设置。九、原有工厂之设备需要扩充或增加或变更用户。十、其他须经主管机关许可事项。前项各款之许可，其属范围广大或性质特别重要者，国家公园管理处应报请内政部核准，并经内政部会同各该事业主管机关审议办理之。

[第十五条] 史迹保存区内下列行为，应先经内政部许可：一、古物、古迹之修缮。二、原有建筑物之修缮或重建。三、原有地形、地物之人为改变。

[第十六条] 第十四条之许可事项，在史迹保存区、特别景观区或生态保护区内，除第一项第一款及第六款经许可者外，均应予禁止。

[第十七条] 特别景观区或生态保护区内，为应特殊需要，经国家公园管理处之许可，得为下列行为：一、引进外来动、植物。二、采集标本。三、使用农药。

[第十八条] 生态保护区应优先于公有土地内设置，其区域内禁止采集标本、使用农药及兴建一切人工设施。但为供学术研究或为供公共安全及公园管理上特殊需要，经内政部许可者，不在此限。

[第十九条] 进入生态保护区者，应经国家公园管理处之许可。

[第二十条] 特别景观区及生态保护区内之水资源及矿物之开发，应经国

家公园计划委员会审议后，由内政部呈请行政院核准。

［第二十一条］学术机构得在国家公园区域内从事科学研究。但应先将研究计划送请国家公园管理处同意。

［第二十二条》国家公园管理处为发挥国家公园教育功效，应视实际需要，设置专业人员，解释天然景物及历史古迹等，并提供所必要之服务与设施。

［第二十三条］国家公园事业所需费用，在政府执行时，由公库负担；公营事业机构或公私团体经营时，由该经营人负担之。政府执行国家公园事业所需费用之分担，经国家公园计划委员会审议后，由内政部呈请行政院核定。内政部得接受私人或团体为国家公园之发展所捐献之财物及土地。

［第二十四条］违反第十三条第一款之规定者，处六个月以下有期徒刑、拘役或五千元以下罚金。

［第二十五条］违反第十三条第二款、第三款、第十四条第一项第一款至第四款、第六款、第九款、第十六条、第十七条或第十八条规定之一者，处五千元以下罚款；其情节重大，致引起严重损害者，处一年以下有期徒刑、拘役或五千元以下罚金。

［第二十六条］违反第十三条第四款至第八款、第十四条第一项第五款、第七款、第八款、第十款或第十九条规定之一者，处五千元以下罚款。

［第二十七条］违反本法规定，经依第二十四条至第二十六条规定处罚者，其损害部分应回复原状；不能回复原状或回复显有重大困难者，应赔偿其损害。前项负有恢复原状之义务而不为者，得由国家公园管理处或命第三人代执行，并向义务人征收费用。

［第二十八条］本法施行区域，由行政院以命令定之。

［第二十九条］本法施行细则，由内政部拟订，报请行政院核定之。

［第三十条］本法自公布日施行。

四 台湾地区国家公园的管理模式

1. 管理机制

（1）行政管理机制

台湾地区国家公园由政府部门直接管理。台湾地区国家公园的行政组织，由国家公园计划委员会下的营建署和警政署管理。营建署下设国家公园组，统筹掌理国家公园的规划建设、经营管理，具体划分为三个科：保育解说科、工务建设科和企划经理科，并于各个国家公园设管理处进行现场管理。警政署设国家公园警察大队，在各国家公园设警察队。各国家公园管理处积极招收具生态保育、解说、景观相关专业知识人员，有系统、有组织地管理公园土地，以落实管辖区域内之资源保育工作。

环境资源部国立公园署（简称国立公园署），将于2014年成立的中华民国环境资源部所属机关，由原内政部营建署的国家公园管理处行政资源整并，统一负责管理的主管机关。该署拟职掌的其他工作为：

①法规研拟、修订及阐释，政策制定和规划。

②国家公园、湿地区域范围选定、划定、变更、废止。

③国家公园、湿地保育计划审核、督导及推动。

④国家公园环境景观、建筑风貌、设施维护等工程审核、督导及推动。

⑤国家公园环境教育、人才培育训练、解说服务与生态旅游审核、督导及推动。

⑥国家公园自然资源或人文资产调查、研究、审核、督导及推动。

⑦全国公园绿地政策研议及规划。

⑧其他有关国家公园及湿地事项。

（2）规划管理机制

台湾地区国家公园的规划是由营建署下设的国家公园组专职负责，另外各国家公园管理处也针对地区特色制定相关规定。且公园在规划之前要先进行评估，评估的内容主要包括：自然资源评估、特殊景观评估、环境评估、经济效益评估、财政来源考量、政治情势考量和地方民情的考量。根据《台湾地区国家公园计划内容标准》，依次要确定国家公园的缘起、范围及目标、分区计划，计划总图，保护计划，利用计划，管理计划和建设计划。

（3）原住民参与机制

台湾地区《国家公园法》中有关禁止狩猎、采集等相关的规定与原住民的传统文化相冲突，为有效缓解这一冲突，国家公园通过与原住民双向沟通，协助双方相互了解实现了与原住民的合作关系，使原住民参与到国家公园的建设和管理之中，玉山、太鲁阁、雪霸三个山岳型国家公园境内皆有原住民的祖居地。

2. 资金机制

台湾地区国家公园的经费来源是政府财政拨款、公营事业机构或公私团体、私人或团体的捐献（财物及土地）。目前台湾地区国家公园的门票全部免费，不收门票可以吸引游客前来观光，带来相关产业税收增加，政府的税收增加后，再以预算的方式把资金"返还"到台湾地区国家公园。因此，台湾国家公园经费来源主要是政府财政拨款。根据台湾地区国家公园管理处2002-2011年预算统计，平均年度预算为237506万元新台币（约合5亿元人民币），主要用于人员维持、基本行政工作维持、经营管理计划、解说教育计划、保育研究计划、土地购置计划、营建工程计划、交通及运输设备计划和其他设备计划。前期资金用于购置土地的比例较大，后期主要用于人员维持和经营管理。

3. 经营机制

在台湾地区国家公园保护和建设的过程中，永续经营的理念始终贯穿其中，其规划、管理、经营等各个角度无不体现着可持续发展的理念，主要表现在以下几方面。

（1）专职负责，科学规划

台湾地区国家公园的规划是由营建署下设的国家公园组专职负责，另外各国家公园管理处也针对地区特色制定相关规定。规划单位主要有：专家决策（国家公园计划委员会）；营建署国家公园组；相关机关协调与民众参与；各级相关院校委托参与。

（2）科学展示，生态旅游

游客服务中心设有高质量的展示馆，通常分为三大区：生态体验区、人文特展区和儿童展示区，不仅提供各类免费解说折页，还实行动静态环境教育，播放多种类型解说影片，介绍生态与人文史遗。游客服务中心工作人员可为游客提供游憩咨询，游客也可提前预约解说导览。还可在游客中心免费上网、为手机充电、饮水和租借轮椅等。

（3）完善解说，普及教育

目前台湾地区国家公园的解说方式通常有三种：解说员、解说志愿者和自导式解说。这三种解说方式相结合，既保证了解说员的数量和质量，又保证了游客随时都能享受到大自然的启迪，从而了解自然、保护自然。

（4）生态工程，人性化服务

台湾地区国家公园内的设施，很少使用水泥，代之原生的、自然的当地材料，如木材、石材，因地制宜地进行设计，与周围的自然环境融为一体，这种生态工程让土地、动植物拥有更大的生存空间，能够创造多孔空间的材料，让土地有足够的透水性，维持生态系统的平衡。而且，台湾"内政部"还制定了《国家公园设施规划设计规范》、《无障碍设计》和《通用准则》，以强调对人性和生态的兼顾。

（5）靠山护山，青山依旧

在保护野生动物方面，台湾地区各国家公园针对各自资源特色的不同，而实施了不同的保护办法：在垦丁国家公园，过去人们用"鸟仔踏"捕捉红尾伯劳，致使候鸟"来一万死九千"，后警察队依据《野生动物保护法》取缔捕鸟，使得"垦丁赏鸟"成为公园一大特色；玉山国家公园通过保护高山生态环境，保护了黑熊的栖息地；阳明山国家公园游客众多，园内的主要道路上，以前一个月平均有100只小动物被汽车碾毙，后来公园管理处为小动物建立了地下通道和天桥，并用绿色纱网引导动物通过；雪霸国家公园通过对毒鱼、电鱼等手法的禁止，保护鱼类洄游的生态廊道，保护了樱花钩吻鲑和山椒鱼。在生态方面做出的这些努力，最大程度地减少了人类对野生动物的伤害，保护了野生动物的栖息环境和生存几率，促进了国家公园范围内动物资源的可持续发展。

在自然环境保护方面，也有不少典型案例，如：以往垦丁国家公园滨海区燃油外漏每年20余起，对浅海生态特别是珊瑚造成了巨大的破坏，通过建立完善的海岸管理机制及大自然的自我修复，台湾在较短时间内复育了原有珊瑚的数量，清洁的海水成为珊瑚大量繁殖的重要条件；玉山国家公园原计划的台26线、玉里—玉山线，因为可能影响国家公园的生态系统而未实施；太鲁阁国家公园在20世纪80年代，台湾电力公司筹备建立雾溪发电计划及台塑集团预定开设崇德水泥矿区，在当时引起公众极大争议，最后由"行政院"决议终止所有开发。事隔20多年证明，基于长远和整体决策的自然环境保育观才能带来长期社会经济效益以及永续发展。

第十二章

国家公园
体制比较

一 国家公园的概念和选定标准比较

1. 概念比较

对于什么是国家公园，各国家和地区均结合自身实际对其进行了界定（表12-1）。其表达方式虽不尽相同，但均认为国家公园是自然环境优美、资源独特、具有区域典型性的保护价值大的自然区域，该区域不受或较少受到人类活动的影响，是一个国家或地区维护自然生态系统平衡、保护生态环境和生物多样性、发展生态旅游、开展科学研究和环境教育的重要场所。

表12-1 不同国家和地区对国家公园概念的界定

国家或地区	国家公园的概念
美国	包含狭义和广义两重概念。狭义的国家公园是指拥有着丰富自然资源的、具有国家级保护价值的面积较大且成片的自然区域。广义的国家公园即"国家公园体系"，是"不管现在亦或未来，由内务部部长通过国家公园管理局管理的，以建设公园、文物古迹、历史地、观光大道、游憩区为目的的所有陆地和水域"，包括国家公园、纪念地、历史地段、风景路、休闲地等，涵盖20个分类。
加拿大	是加拿大建立在全国各地，以保护不同地域特征的自然空间，由加拿大公园管理局管理，在不破坏园内野生动物栖息地的情况下可以供市民使用的地方，包括国家公园、国家海洋保护区域和国家地标。
德国	是一种具有法律约束力的面积相对较大而又具有独特性质的自然保护区。作为国家公园一般具有三个性质：其一，国家公园的大部分区域满足自然保护区的前提条件；其二，国家公园不受或很少受到人类的影响；其三，国家公园的主要保护目标是维护自然生态演替过程，最大限度地保护物种丰富的地方动植物生存环境。
英国	一个广阔的地区，以其自然美和它能为户外欣赏提供机会以及与中心区人口的相关位置为特征。
瑞典	一个具有某些类型景观的大规模连接区域，理想的情况下，该地区应未受到商业或工业的污染并且尽可能地接近自然状态，分为国家公园和自然保护区两类。

（续）

国家 或地区	国家公园的概念
澳大利亚	以保护和旅游为双重目的的面积较大的区域，建有质量较高的公路、宣传教育中心以及厕所、淋浴室、野营地、购物中心等设施，尽可能提供各种方便，积极鼓励人们去旅游。
新西兰	是为保留自然而划定的区域，确切地说是指国家为了保护一个或多个典型生态系统的完整性，为生态旅游、科学研究和环境教育提供场所，而划定的需要特殊保护、管理和利用的自然区域。
南非	是一个提供科学、教育、休闲以及旅游机会的区域，同时该区域要兼顾环境的保护，并且使得当地获得相关的经济的可行发展。
韩国	包括国立公园、道立公园以及郡立公园。其中"国立公园"是指可以代表韩国自然生态界或自然及文化景观的地区。"道立公园"是指可以代表特别市、广域市以及道的自然生态界或自然生态景观的地区。"郡立公园"是指可以代表市、郡以及自治区的自然生态界或景观的地区。
日本	指根据《自然公园法》，由政府指定并管理的、具有日本代表性和世界意义的自然风景地，它分为国立公园、国定公园、都道府县立自然公园三类。国立公园指的是环境大臣在听取相关都道府县及环境审议会的审议基础上，根据《自然公园法》第五条第一项规定所指定的，具有全国风景代表性的自然风景胜地（包括海洋景观）。国定公园为仅次于国立公园的优美风景区，由相关都道府县提出申请，环境大臣在听取环境审议会意见后，根据《自然公园法》第五条第二项规定所指定的，参照国立公园标准的自然风景胜地。都道府县立自然公园指的是都道府县根据《自然公园法》第七十二条规定指定的自然风景胜地，它能够代表地方的优美风景区，由都道府县知事进行指定，归都道府县管理。
台湾	不同于都市公园、游乐园，它的设立系保护本区特有之自然风景、野生动植物及史迹，并提供国民娱乐及研究。

2. 选定标准比较

在国家公园的选定标准方面，不同国家和地区的标准也不相同，总体上基本涵盖如下几方面：

一是资源的独特性和重要性，一般而言，只有具有区域典型性和国家重要性的资源才能入选国家公园，美国、加拿大、德国、瑞典、新西兰、南非、韩国、日本、台湾等国家和地区在国家公园选定时均将该原则作为重要方面。

二是区域受人类活动的影响较小，生态系统未因人类开发和占有而发生显著变化，自然特征较为明显，自然价值较高，如加拿大、德国、英国、瑞典、新西兰、日本、台湾等国家和地区在国家公园选定时均考虑这一因素。

三是区域内的景观和生态环境具有吸引力，能够适当开展休闲、旅游和科学、教育活动，美国、瑞典、澳大利亚、新西兰、日本、台湾等国家和地区均较为重视这一方面，将其作为国家公园选择的参考标准之一。

二　国家公园的法律体系比较

在法律体系方面，各对比国家和地区均出台了自己的国家公园管理专项法规，如美国的《国家公园基本法》、加拿大的《加拿大国家公园法》、德国的《联邦自然保护法》、英国1949年颁布的《国家公园与乡村进入法》、瑞典的《国家公园法》、澳大利亚的《国家公园法》、新西兰的《国家公园法》、南非的《国家公园环境管理法》、韩国的《自然公园法》、日本的《自然公园法》、台湾的《国家公园法》等，对其国家公园的合理建设和管理产生了重要引导和监管作用。与此同时，不少国家和地区还结合自身实际出台了一系列相关法律法规，形成了较为完善的法律体系，如美国就颁布了《原野法》《原生自然与风景河流法》、《国家风景与历史游路法》等单行法；加拿大也颁布了《国家公园通用法规》、《国家公园建筑物法规》、《国家公园别墅建筑法规》、《国家公园墓地法规》、《国家公园家畜法规》、《国家公园钓鱼法规》、《国家公园垃圾法规》、《国家公园租约和营业执照法规》、《国家公园野生动物法规》、《国家历史遗迹公园通用法规》、《国家历史遗迹公园野生动物及家畜管理法规》、《加拿大国家公园管理局法》、《加拿大遗产部法》等多部相关法规；澳大利亚也颁布了《国家公园和野生动植物保护法案》、《澳大利亚遗产委员会法案》；日本则颁布了《自然公园法施行令》、《自然公园法施行规则》、《国立公园及国定公园候选地确定方法》、《国立公园及国定公园调查要领》、《国立公园规划制订要领》、《鸟兽保护及狩猎正当化相关法》等诸多相关法规，对其国家公园的有效管理产生了十分重要的积极意义。此外，各对比国家和地区均颁布了不少有关环境保护、文化遗迹保护方面的相关法律（表12-2），也对其国家公园的有效管理具有重要的促进作用。

表12-2　各对比国家和地区国家公园管理法规体系

国家或地区	专项法规	其他相关法规
美国	《国家公园基本法》	《原野法》、《原生自然与风景河流法》、《国家风景与历史游路法》、《国家环境政策法》、《清洁空气法》、《清洁水资源法》、《濒危物种法》、《国家史迹保护法》及部门规章等
加拿大	《加拿大国家公园法》	《国家公园法案实施细则》、《野生动物法》、《濒危物种保护法》、《狩猎法》、《防火法》、《放牧法》、《国家公园通用法规》、《国家公园建筑物法规》、《国家公园别墅建筑法规》、《国家公园墓地法规》、《国家公园家畜法规》、《国家公园钓鱼法规》、《国家公园垃圾法规》、《国家公园租约和营业执照法规》、《国家公园野生动物法规》、《国家历史遗迹公园通用法规》、《国家历史遗迹公园野生动物及家畜管理法规》、《加拿大国家公园管理局法》、《加拿大遗产部法》及省立公园法等
德国	《联邦自然保护法》	《联邦森林法》、《联邦环境保护法》、《联邦狩猎法》、《联邦土壤保护法》及"一区一法"（即各州根据自己的实际情况制定了自然保护方面的专门法律）等
英国	《国家公园与乡村进入法》（1949年）、苏格兰《国家公园法》	《当地政府法》、《环境法》、《野生动物和乡村法案1981》、《灌木树篱条例1997》、《乡村和路权法案2000》、《水环境条例（英格兰和威尔士）2003》、《自然环境和乡村社区法案2006》、《环境破坏（预防和补救）（威尔士）条例2009》、《〈海洋和沿海进入法案2009〉修正案》（2011年）等
瑞典	《自然保护法》和《国家公园法》	《森林法》、《林业法》、《环境法典》等
澳大利亚	《国家公园法》	《环境保护法》、《国家公园和野生动植物保护法案》、《澳大利亚遗产委员会法案》、《鲸类保护法》、《世界遗产财产保护法》、《濒危物种保护法》、《环境保护和生物多样性保护法》、《环境保护与生物多样性保育条例》等。此外，澳大利亚各州也根据自身情况颁布了多部国家公园方面的法律法规

（续）

国家 或地区	专项法规	其他相关法规
新西兰	《国家公园法》	《资源管理法》、《野生动物控制法》、《海洋保护区法》、《野生动物法》、《自然保护区法》等
南非	《国家公园环境管理法》	《保护区域法律》、《国家保护区域政策》、《海洋生物资源法》、《生物多样性法令》、《环境保护法令》、《湖泊发展法令》、《世界遗产公约法令》、《国家森林法令》、《山地集水区域法令》、《保护与可持续利用南非生态资源多样性白皮书》等
韩国	《自然公园法》	《山林文化遗产保护法》、《山林法》、《建筑法》、《道路法》、《沼泽地保护法》、《自然环境保存法》等
日本	《自然公园法》	《自然公园法施行令》、《自然公园法施行规则》、《国立公园及国定公园候选地确定方法》、《国立公园及国定公园调查要领》、《国立公园规划制订要领》、《鸟兽保护及狩猎正当化相关法》及施行令与施行规则、《自然环境保全法》及施行令与施行规则、《自然环境保全基本方针》、《自然再生推进法》、《濒危野生动植物保护法》及施行令与施行规则、《国内特定物种事业申报相关部委令》、《国际特定物种事业申报相关部委令》、《特定未来物种生态系统危害防止相关法》及施行令与施行规则
台湾	《国家公园法》	《台湾地区国家公园法施行细则》、《台湾地区国家公园或风景特定区内森林区域管理经营配合办法》、《台湾地区森林游乐区设置管理办法》、《台湾地区发展观光条例》、《台湾地区温泉区土地及建筑物使用管理办法》、《自然保护区设置管理办法》、《台湾地区森林法》、《台湾地区水土保持法》、《文化资产保存法》、《野生动物保育法》、《渔业法》等

三 国家公园管理机制比较

在管理机制上，各对比国家和地区形成了几种典型的管理体系。

一是自上而下的垂直管理体制。采取该管理体制的国家和地区较多，包括美国、英国、新西兰、瑞典、澳大利亚、韩国及台湾地区，不同国家和地区在实践工作中形成了不同的管理体系，如表12-3所示。

表12-3　主要国家和地区的垂直管理体系

国家或地区	管理体系	具体内容
美国	"国家-地区-公园"型管理体系	其最高行政机构为内务部下属的国家公园管理局，负责全国国家公园的管理、监督、政策制定等。在总局的领导下，再分设跨州的7个地区局作为国家公园的地区管理管理机构，并以州界为标准来划分具体的管理范围。每座公园则实行园长负责制，并由其具体负责公园的综合管理事务
英国	"联合王国-成员国-国家公园"型管理体系	国家层面成立了国家公园管理局。除国家公园管理局，英国还有许多不同职能、不同层面的组织对国家公园的保护和管理负责。在联合王国层面，国家环境、食品和乡村事务部总体负责所有国家公园。在成员国层面，分别由英格兰自然署、威尔士乡村委员会和苏格兰自然遗产部负责其国土范围的国家公园划定和监管。在国家公园层面，每个国家公园均设立公园管理局，由中央政府拨款
新西兰	"国家-地区"型管理体系	成立了综合性的和唯一的保护部门——保护部专司保护的职能，这是保护新西兰自然和历史遗迹的主要的中央政府机构。保护部还下设地区机构，地区机构在地区范围内开展工作，国家公园职员向地区机构负责
瑞典	"中央-郡-市"型管理体系	具体由国家环境保护局自然水土保持中心、林业局以及公园所在地、县的相应部门共同管理。在中央机构中，第一个执法机构就是内阁，第二个机构是环境部，第三个机构是环保局。在地方执法机构中，首先的一个机构就是郡行政管理委员会；另一个重要机构就是市行政机构
澳大利亚	"联邦政府-各州、领地政府"型管理体系	分级主管，联邦政府与各州、领地政府均设有国家公园管理机构。澳大利亚环境水资源部下的公园管理署是联邦政府设立的国家级主管机构，该机构分为南部和北部两个管理局，并由国立公园署负责国家层面的国家公园管理工作。同时，各州、领地政府也成立了相关的国家公园管理机构管理本地的国家公园，除西澳大利亚外，其他各州都有一个国家公园管理处和野生动物管理处
南非	"国家-地方"型管理体系	南非负责保护区管理的政府部门是环境事务和旅游部以及水务和林业部。除此之外当地社区、地方直辖市、政府和非政府组织在管理循环中起到三个重要的角色

（续）

国家或地区	管理体系	具体内容
韩国	"国家-地方"型管理体系	国立公园管理机构由国立公园管理公团本部和地方机构组成。地方管理事务所包括18个国立公园管理事务所（下辖7个支所和33个分所）和自然生态研究所、航空队，他们大部分受国立公园管理公团的直接管理，仅有庆州、汉拿山国立公园受地方政府管理
台湾	"地区-公园"型管理体系	台湾地区国家公园的行政组织，由国家公园计划委员会下的营建署和警政署管理。各国家公园也建立了公园管理处有系统、有组织地管理公园土地，以落实管辖区域内之资源保育工作

二是自上而下与地方自治相结合的管理机制。典型的国家是加拿大和日本。在加拿大，其国家公园是由一个联邦政府、十个省政府、两个地区政府以及几个委员会和有关当局的管理保护区共同管理的，且联邦政府设立的国家公园和省立国家公园的管理体制不同。联邦政府设立的国家级国家公园实行垂直管理体制，省立国家公园由各省政府自己管理，其管理机构并不接受联邦国家公园管理局的指导，也不接受其管理，且各省的管理机构名称也不一样。在日本，国立公园由国家环境省直接管理，环境省按地区设立相应的环境事务所，负责对辖区内的国立公园进行管理，国定公园、都道府县立自然公园则由都道府县进行管理。

三是地方自治型管理机制。代表性国家是德国，其自然保护工作的具体开展和执行，公园的建立、管理机构的设置、管理目标的制定等一系列事务都由地区或州政府决定，联邦政府仅为开展此项工作制定宏观政策、框架性规定和相关法规。

同时，大部分对比国家和地区都设立了专门的国家公园管理机构，如美国的国家公园管理局、加拿大的国家公园管理局、新西兰的保护部、澳大利亚的环境水资源部下的公园管理署、韩国的国立公园管理公团本部、台湾地区的国家公园计划委员会下的营建署和警政署、日本的国家环境省等，这些管理机构专局专职，有效地协调好了管理机构与其他相关部门的利益关系，避免了多头管理、相互扯皮、"各吹各的号、各唱各的调"等问题。

四　国家公园资金机制比较

在国家公园的资金来源方面，大部分对比国家和地区的资金主要来自于国家财政拨款，包括美国、加拿大、英国、瑞典、澳大利亚、新西兰、韩国、日本和台湾地区。除此以外，德国国家公园资金的主要来源渠道为州政府，其运营开支被纳入到州公共财政进行统一安排，主要用于国家公园的设施建设和其他保护管理事务；南非国家公园的运行采取商业运营战略，政府的角色只有在市场运营出现危机时，起到一个调控和支配的作用（表12-4）。总体上，除南非外，各对比国家和地区的国家公园主要资金均来自于政府投资，这在很大程度上为公园建设提供了资金保障。

同时，成立基金也是各国家公园建设资金的重要来源之一，如英国、瑞典、新西兰、日本等国家的相关基金均是其国家公园保护管理经费的重要组成部分。此外，公园有形无形资源的合理利用所带来的收入及社会捐赠也是许多国家和地区国家公园保护管理资金的重要来源（表12-4）。这些，对我们完善国家公园资金机制具有一定的借鉴意义。

表12-4　各对比国家和地区资金来源状况一览表

国家或地区	资金来源	主要资金来源
美国	联邦政府拨款；门票及其他收入；社会捐赠；特许经营收入	联邦财政拨款
加拿大	国家财政拨款；旅游收入；其他收入	国家财政拨款
德国	州政府；社会公众捐助；公园有形无形资源利用所带来的收入	州政府

（续）

国家 或地区	资金来源	主要资金来源
英国	中央政府资助；地方当局的预算；国家公园自身的收入；一些特殊的基金；银行利息、专项或者一般的储备以及垃圾填埋税；国家彩票	中央政府资助
瑞典	国家财政全额拨款；由中央政府、地方政府、社区共同出资成立的基金	国家财政全额拨款
澳大利亚	联邦政府专项拨款；各地动植物保护组织的募捐	联邦政府专项拨款
新西兰	政府财政；基金；通过与国外自然保护区广泛开展国际间合作的方式来筹集资金	政府财政
南非	商业化运营	商业化运用获得的资金
韩国	国家补助；门票收入；停车场收入；设施使用费等	国家补助
日本	财政拨款；自筹、贷款、引资等，比如自然公园内商业经营者上缴的管理费或利税，通过基金会形式向社会募集的资金、地方财团的投资等	财政拨款
台湾	政府财政拨款；公营事业机构或公私团体、私人或团体的捐献	政府财政拨款

五　国家公园经营机制比较

在经营管理机制上，不少国家实施管理与经营相分离的制度，如美国、澳大利亚、日本等。为实现管理权与经营权的分离，这些国家的国家公园均不搞盈利性创收，工作重点是抓好国家公园的保护和管理工作，公园内的相关经营项目则通过特许经营的办法委托给企业或个人经营，这种经营模式有利于保护好公园内的自然文化遗产和动植物资源，保护国家公园的生态系统。此外，新西兰、日本等国家也实行特许经营制度，对推动国家公园管理权与经营权的分离也产生了重要意义。还有一部分国家强化社区共建和利益相关者共同管理，带动当地经济发展，如德国强化社区共建，其公园与相关机构、周边村、旅游公司、公交公司等建立了良好的协调发展关系和合作机制，有效地带动了周边地区的发展；南非的国家公园与当地附近社区以合同方式达成某些服务的委托，带动了当地经济发展等。

在收费机制上，各对比国家和地区的收费制度不尽相同，如美国等国家的国家公园收费较少，门票价相当低廉；加拿大不收门票或按游人所乘车辆车型收取少量门票；英国、瑞典、台湾地区等则实施免费开放政策，不收取门票；韩国等国家则为维护公园的正常运营，规定公园管理厅可以对进入自然公园的人征收入园费，可以对使用公园管理厅所设置设施的人征收使用费。

在经营理念上，各对比国家和地区在经营过程中均较重视生态环境的保护，采取了不同的措施推动了经营过程中生态环境的保护。如美国将自然保护列为国家公园成立的首要目的；加拿大强化保持国家公园的生态完整性，其法律禁止在国家公园内进行诸如采矿、林业、石油天然气和水电开发、以娱乐为目的狩猎等各种形式的资源开采；澳大利亚实施特许经营的目的就是保护好公园内的动植物资源和环境资源；英国通过强制性或经济补偿的形式保护乡村的景观风貌；新西兰对于每一家特许经营店都设立了严格的生态保护考评体系，从微观层而将生态保护落实到日常的管理工作中；瑞典制定了长期的规划承诺保护、管理和展示国家公园这些自然区域；日本将使国民享受到保护较好的遗产资源和舒适游憩环境看成国家公园的发展理念；台湾在国家公园保护和建设的过程中，将永续经营的理念始终贯穿其中，其规划、管理、经营等各个角度无不体现着可持续发展的理念等，有效地推动了国家公园的生态保护和持续发展。

六 对我国国家公园体制建立的启示

上述各国家和地区均建立了较为完善的符合自身实际的国家公园体制，大部分国家和地区的国家公园选定标准明确，法律法规体系较为完善，资金来源以政府拨款为主，经营中强化经营与管理相分离，管理上也强化生态环境保护和公众参与，在管理体制上则结合自身实际，探索出了自上而下、自上而下和地方自治相结合、地方自治型等管理模式，对推进其国家公园的有效保护和管理产生了重要积极意义。这也给我国国家公园体制的建立以重要启示。

1. 明确国家公园选定标准，规范国家公园建立工作

目前，我国政府部门主管的类似于国家公园的区域包括国家森林公园、国家地质公园、国家矿山公园、国家湿地公园、国家城市湿地公园、国家级自然保护区、国家级风景名胜区、国家考古遗址公园、国家海洋公园等多个方面，但整体上，我国的国家公园体制建设尚处于探索阶段，对于什么是国家公园、哪些公园应该入选国家公园等问题尚未明确，在发展中可充分借鉴发达国家的成功经验和国家公园选定标准，建立符合我国国情的与国际接轨的国家公园选定标准和公园体系，并适时开展国家公园建设试点示范工作，规范国家公园建立工作。

2. 理顺国家公园管理体系，破解多头管理、重复管理的难题

当前，我国不同类型的自然区域属于不同的管理系统，如森林公园归口国家林业局管理、国家地质公园又归口国土资源部管理、自然保护区归口环保部管理、国家风景名胜区归口住建部管理等，造成多头指导、管理分割，不利于景区的建设和保护，在发展过程中可借鉴美国等国家的做法，在国家公园体系的基础上，理顺各个部门之间的关系，适时建立统一的国家公园管理机构，统筹协调国家公园的管理工作，破解多头管理、重复管理的难题。

3. 适时出台专项法规，完善国家公园管理法律法规体系

目前，我国国家公园管理的法律法规体系尚未建立完善，在发展中可充分借鉴美国、加拿大、澳大利亚、日本等国家的立法经验，结合国家公园体制的建立，积极启动国家公园立法工作，适时出台国家公园管理方面的专门性法律法规和具体实施办法，并及时完善相关环境保护、文化遗迹保护方面的政策法规，推动国家公园管理的法制化、规范化。

4. 加大政府投入，建立国家公园建设资金增长机制

长期以来，资金不足是制约我国相关森林公园、地质公园、自然保护区

等发展的重要瓶颈，致使其门票价格暴涨、基础设施与配套服务却相对滞后等问题较为明显，严重影响景区的持续发展。在发展中可借鉴美国、加拿大等国家的做法，将国家公园建设作为社会公益事业，完善生态补偿机制和生态红线制度，逐步加大国家财政对其保护和建设工作的投入，缓解国家公园建设资金不足的现实，让公园回归公益性，实现公园建设逐步走向不以盈利为目的、门票低价或免费、旅游景点持续发展的良好局面。

5. 规范国家公园的经营，实行管理权与经营权相分离的经营机制

实现管理权与经营权的分离，能有效地避免管理体制混乱、政企不分及重经济效益、轻资源保护的弊端，对推动国家公园开发与保护的协同具有重要意义。在发展中我们可以借鉴其他国家和地区的先进做法，按照所有权和经营权分离的原则，在政府的主导和引导下，通过特许经营的方式将国家公园的经营权出让给相关企业和个人，充分调动社会各界参与国家公园保护、管理、开发和运营的积极性，提升公园发展效益。

6. 强化生态建设与环境保护，走可持续发展之路

保护生态环境和自然景观、推进生态文明建设是国家公园建立的根本目的，也是国家公园建设的重要内容。然而，受多方面因素的影响，我国各种类型的自然保护区域环境形势仍较严峻，在发展中应要充分借鉴美国、日本、台湾等国家和地区的发展理念，将可持续发展理念贯穿国家公园经营和管理的全过程，引导全民广泛关注和参与，实行自然生态保护的根本性好转。

总之，在国家公园体制建立过程中，应立足我国实际，充分借鉴和吸收这些国家和地区的先进做法和成功经验，从体制入手解决自然生态的整体性和建设管理的分割性之间的现实矛盾，建立起符合我国国情和实际的国家公园体制，实现国家公园保护与利用的协调。

附表：主要国家和地区国家公园体制一览表

国家（地区）	国家公园数量	主要法规	管理体制	资金机制	经营机制	管理理念
美国	59个	《国家公园基本法》、《原野法》、《原生自然与风景河流法》、《国家风景与历史游路法》、《国家环境政策法》、《清洁空气法》、《清洁水资源法》、《濒危物种法》、《国家史迹保护法》及部门规章等	自上而下的垂直管理模式，内务部下属的国家公园管理局为最高管理机构	联邦政府拨款（主要资金来源）；门票及其他收入；社会捐赠；特许经营收入	管理与经营相分离，特许经营	不以经济效益为主要目的，奉行保护第一；强化公众参与；实施统一的规划管理
加拿大	38个国家公园，8个国家公园保留地	《国家公园法》、《国家公园法案实施细则》、《野生动物法》、《濒危物种保护法》、《国家公园通用法规》、《狩猎法》、《防火法》、《放牧法》、《国家公园建筑法规》、《国家公园别墅地法规》、《国家公园钓鱼法规》、《国家公园垃圾法规》、《国家公园租约和营业执照法规》、《国家公园野生动物法规》、《国家公园通用及家畜管理局法》、《国家历史遗迹公园野生动物及家畜管理法》、《加拿大国家遗产法》及省立公园法等	中央集权和地方自治相结合，联邦政府设立国家级国家公园实行垂直管理体制，省立国家公园由各省政府自己管理	国家财政拨款（主要资金来源）；旅游收入；其他收入	实行收支两条线的经营模式	实施分区管理制度；重视公园众参与公园管理；保持生态完整性

（续）

国家（地区）	国家公园数量	主要法规	管理体制	资金机制	经营机制	管理理念
德国	15个	《联邦自然保护法》、《联邦环境保护法》、《联邦森林法》、《联邦狩猎法》、《联邦土壤保护法》、《巴伐利亚州自然保护法》等	实行地方自治型管理模式，州政府拥有国家公园最高管理权	州政府财政拨款（主要资金来源）；社会公众捐助；公园有形、无形资源利用所带来的收入	强化社区共建，公园与相关机构、公园周边村、旅游公司、公交公司等建立了良好的协调发展关系和合作机制	采取分区管理方式；重视森林资源保护；抓好公众游憩服务；重视搞好环境教育
英国	15个	《国家公园与乡村进入法》（1949年）、《环境法》、《国家公园法》（苏格兰）、《野生动物和乡村法案1981》、《灌木树篱条例1997》、《乡村利路权法案2000》、《水环境条例》（英格兰和威尔士）2003、《自然环境和乡村社区法案2006》、《环境破坏（预防和补救）条例》（威尔士）2009》、《海洋和沿海进入法案2099年》等	自上而下的管理模式，此外还有许多不同职能、不同层面的组织对国家公园的保护和管理负责	中央政府资助（主要资金来源）；地方当局的预算；国家公园自身的收入一些特殊人；银行利息、专项或者一般的储备的基金；《自然保护海进入法案2011年》修正案》等	免费进入、开放式管理，通过强制性或经济补偿的形式保护乡村的景观风貌；鼓励进行多种经济开发，如农业和林业、畜牧业、旅游与休闲等	引导志愿者参与国家公园的管理；实施独立于地方政府的规划管理机制；强化自然资源保护

（续）

国家（地区）	国家公园数量	主要法规	管理体制	资金机制	经营机制	管理理念
瑞典	29个	《自然保护法》、《国家公园法》、《森林法》、《林业法》、《环境法典》等	由中国环境保护局自然保护水土保持中心、林业局以及公园所在地、县的相应部门共同管理	国家财政全额拨款（主要来源）；由中央政府、地方政府、社区共同出资成立的基金	免费为国民开放；引导发展生态旅游；森林私有化程度较高	强化持续发展和公众参与；注重环保宣传教育
澳大利亚	516个	《国家公园法》、《环境保护法》、《国家公园和野生动植物会法案》《澳大利亚遗产财产保护法》《世界遗产财产保护法》和《濒危物种保护法》、《环境保护和生物多样性保护法》、《环境保护与生物多样性保育条例》等	日常管理事务主要由国家公园和野生动物顾问委员会（简称NPWS）负责，委员会在联邦政府和各州政府均有常设机构	联邦政府专项拨款（主要来源）；各地自然保护组织的募捐	采取所有权与经营权分离的经营方式，相关的经营活动由企业或个人经营	强化自然生态环境保护；重视环保宣传教育
新西兰	14个	《国家公园法》、《资源管理法》、《国家海洋保护区法》、《野生动物控制法》、《野生动物法》、《海洋保护区法》、《自然保护法》等	成立综合性的和唯一的保护部门——保护部专司保护职能，保护部下设地区机构，负责在地区范围内开展工作	政府财政（主要资金来源）基金；通过与国外自然保护区广泛开展国际间合作的方式来筹集资金	实行公平、公开的特许经营制度，其特许经营权由国家唯一的保护部授予	以严格的科学研究依据为选择、研究、规划、管理和开发利用基础；强化生态环境保护

（续）

国家（地区）	国家公园数量	主要法规	管理体制	资金机制	经营机制	管理理念
南非	20个	《国家公园环境管理法》、《自然资源法》、《国家保护区域政策》、《生物多样性保护法令》、《环境保护法令》、《湖泊发展法令》、《世界遗产公约法令》、《国家森林法令》、《山地集水区域法令》、《保护与可持续利用南非生态资源多样性白皮书》、《公积金管理法》等	南非国家公园系统SANParks在南非的国家公园保护中是一个权威机构，负责20个国家公园的保护工作	采取商业运营战略，政府的角色只有在现场运营出现危机时，起到一个调控和支配的作用	实施利益相关者共同管理的经营机制，国家公园与当地附近社区以合同方式达成某些服务的委托。同时，允许狩猎等盈利性项目的经营	强化科学研究辅助管理；鼓励当地社区和利益相关者参与管理
韩国	21个	《自然公园法》、《山林文化遗产保护法》、《山林法》、《建筑法》、《道路法》、《沼泽地保护法》、《自然环境保存法》等	由国立公园管理公团本部和地方机构组成	国家补助（主要资金来源）；门票收入、停车场收入；设施使用费等	为维护公园的正常运营，公园管理厅可以对进入自然公园的人征收入园费，可以对使用公园管理厅所设置设施的人征收使用费；将私有土地逐渐转变为公有土地	管理过程中强化国际交流；强化社区参与，创造了一个独特的社区参与及合作机制；重视公园保护，采取了一系列措施

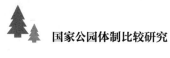

（续）

国家（地区）	国家公园数量	主要法规	管理体制	资金机制	经营机制	管理理念
日本	30个国立公园、56个国定公园	《自然公园法》、《自然公园法施行令》、《国立公园及国定公园法施行规则》、《国立公园及国定公园候选地确定方法》、《国立公园规划制订要领》、《鸟兽保护及狩猎正当化相关法》、《国立公园法施行令与施行规则》及施行令与施行规则、《自然环境保全法》、《自然保护全法基本方针》、《自然再生推进法》、《濒危野生动植物保护法》及施行令与施行规则、《国内特定物种事业申报相关规则》、《国际特定物种委令》、《特定未本物种生态系统危害防止相关法》及施行令与相关规则则》等	环境省按地区设立相应的环境事务所，负责对辖区内的国立公园进行管理；自然保护事务所下设自然保护官事务所，67个自然保护官事务所、专有责国立公园的管理事务	国家环境省和各级地方政府拨款（主要资金来源）；自筹款；贷款；引资等	适度经营，其经营的显著特点是国家与地方政府共同参与，经营机制均为政企分开，有特许经营	开展与当地居民及民间团体之间的协作；强化加强自然公园的保护与管理
台湾	8个	《森林法》、《国家公园法》、《文化资产保存法》、《野生动物保育法》、《渔业法》、《台湾地区水土保持法》、《台湾地区国家公园法施行细则》、《台湾地区国家公园区域管理经营配合办法》、《台湾地区内森林区域管理办法》、《台湾地区森林游乐区设置管理办法》、《台湾地区风景观光区》《台湾地区土地及建筑物使用管理办法》、《台湾地区温泉区土地及建筑区设置管理办法》、《自然保护区设置管理办法》等	中国国家公园计划委员会下的营建署和警政署管理，营建署下设国家公园组、规划经营的管理处，统筹国家公园的规划建设、经营管理工作	政府财政拨款（主要资金来源）；公营事业机构或公私团体、私人或团体的捐献	门票全部免费	推进原住民参与公园管理；贯彻永续经营理念

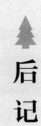

后 记

　　19世纪中叶，随着美国西部大开发的推进，生态环境和印第安文明遭到毁灭性破坏，灾害灾难唤醒了有识之士，环保主义思潮随之兴起。为有效遏制破坏自然生态的行为，1872年，美国国会通过了《设立黄石国家公园法案》，规定此片土地为国有，划为公众公园，修建成"供人民游乐之用和为大众造福"的保护地。时任美国总统格兰特于同年签署了建立黄石国家公园的法令，宣告世界上第一个国家公园诞生。随后，"国家公园"这一概念受到许多国家的青睐，成为许多国家自然保护体系的主要形式，在保护自然生态系统和自然资源中发挥着重要的积极作用。

　　21世纪以来，面对资源约束趋紧、环境污染严重、生态系统退化等带来的负面影响，我国把生态环境保护作为关系人民福祉、关乎民族未来的重大战略和长远大计，给予了高度重视。2007年，党的十七大报告提出了建设生态文明的新理念，要求全党全社会牢固树立生态文明的可持续发展观，既要重视经济发展，又要保护好生态环境。2012年，党的十八大把保护生态环境放在了更高位置，报告中直接涉及"环境"或"生态"字眼的地方多达28处，且"自然"也成为又一个关键词。2013年，《中共中央关于全面深化改革若干重大问题的决定》提出要"加快生态文明制度建设"、"坚定不移实施主体功能区制度，建立国土空间开发保护制度，严格按照主体功能区定位推动发展，建立国家公园体制"。国家公园体制的建立工作为生态文明建设的重要举措已上升到国家战略层面，然而，在实际工作中，由于法律规范的不足以及管理体制的落后，国家公园体制的建立还面临许多亟待解决的问题。

　　在长期的森林公园、生态旅游研究、管理过程中，我们有感于美国等国家和地区国家公园管理制度的科学和完善，便萌发了这样的想法：若能对对国外国家公园体制建立较为完善的相关国家和地区进行研究，分析提炼出其主要特点和成功经验，必能为我们正在进行的国家公园体制建立事业提供实证依据和理论参考。为此，国家林业局森林公园管理办公室与中南林业科技大学旅游学院展开合作，对世界主要有代表性的国家公园体制建设进行了比较研究。

本书是集体智慧的结晶，国家林业局森林公园管理办公室杨连清副主任总体协调和部署，中南林业科技大学旅游学院钟永德院长、国家林业局森林公园管理办公室俞晖处长全面负责总体构思、框架制定、定稿等主体工作，中南林业科技大学徐美博士负责统稿，徐美、文岚、王曼娜、刘艳、吴江洲等老师参与了具体写作和修改工作，邓楠、彭闯、向思璇、苏瑞、仇维佳、杜科蓓、蔡娟、周琴、方妮、邓洁、李卓群、刘冲、徐静雯、周雯、刘红、罗厅、覃晓、熊硕、杨泽夷、张凤、钟彦清、欧阳诚、胡晶曦、郭翔等研究生在资料收集、整理、翻译和初稿撰写工作中也付出了辛勤劳动。本书编著过程中还借鉴了不少同行专家、学者的研究成果，在此亦表示衷心感谢。

"国家公园体制比较研究"尚属探索性工作，虽下了不少工夫，但限于学识水平有限，加之时间紧、资料搜集和翻译难度大，书中难免有不足甚至错误，恳请同仁专家和热情读者批评指正。

《国家公园体制比较研究》编写组

2015年元月